国家林业和草原局普通高等教育"十三五"规划教材

农林机械三维设计技术

杨自栋　主　编

姚立健　刘宁宁　副主编

中国林业出版社

·北京·

内 容 提 要

根据农林机械产品更新换代和快速研发的需要，结合作者从事农林机械研发项目研究及面向市场的农林装备新产品三维设计与开发的工程实践，本书根据"项目引领、任务驱动"理实一体化教学实践的需要，以农林机械三维设计与建模实例为主线全面讲解了基于 Solidworks 2018 的农林机械三维设计、建模与虚拟仿真方法。全书按项目引领教学模式需要设置了九个项目，包括 Solidworks 2018 基础与建模技术、Solidworks 三维建模技术、三维设计基本特征造型技术、典型农业机械零部件三维设计方法、典型农业机械装配体三维设计、典型园林机械三维设计方法、典型农林机械的运动仿真、工程图的生成方法及本课程教学法建议等内容。

本书以培养创新应用型人才为目标，深入浅出，讲解翔实，适合作为理实一体化教学、创新设计教学及翻转课堂等教学改革的选用教材，可作为农林院校、理工院校相关专业的教学参考用书和广大农林装备从业者及工程技术人员的自学用书。

通过扫描本书附带的二维码，即可获得教学课件及相关视频，方便教学及读者自学使用。

图书在版编目（CIP）数据

农林机械三维设计技术／杨自栋主编. ——北京：中国林业出版社，2020.6
国家林业和草原局普通高等教育"十三五"规划教材
ISBN 978-7-5219-0577-9

Ⅰ.①农… Ⅱ.①杨… Ⅲ.①农业机械-机械设计-计算机辅助设计-高等学校-教材 Ⅳ.①S220.2

中国版本图书馆 CIP 数据核字（2020）第 085167 号

中国林业出版社 · 教育分社

策划编辑：杜 娟　　　责任编辑：杜 娟 田夏青
电话：（010）83143553　　传真：（010）83143516

出版发行　中国林业出版社（100009　北京市西城区德内大街刘海胡同 7 号）
　　　　　E-mail：jiaocaipublic@163.com　电话：（010）83143500
　　　　　http://lycb.forestry.gov.cn
经　　销　新华书店
印　　刷　北京中科印刷有限公司
版　　次　2020 年 6 月第 1 版
印　　次　2020 年 6 月第 1 次印刷
开　　本　787mm×1092mm　1/16
印　　张　14.5
字　　数　377 千字
定　　价　45.00 元

前　　言

根据新时代全国高等学校本科教育工作会议精神，以及新工科、新农科建设对课程和教材建设的要求，结合当前农林机械向智能化、信息化方向发展的趋势，以及我国农林装备产品创新设计与快速研发的需要，由浙江农林大学牵头组织编写了国家林业和草原局普通高等教育"十三五"规划教材《农林机械三维设计技术》一书，并开发了配套的数字化教学资源供教学使用。

我国农业种植和林果生产分布地形特征囊括了世界主要农林业种植分布的地形特征，满足我国各种农作物作业和林果生产需要的农林机械种类，也囊括了世界各国相关农作物和林果种类。针对未来我国农林业全面、全程机械化发展趋势对农林装备多样化的需求，并适应我国地貌、气候、土壤、植被特征的多样性和农林作物种类的多样性，必须加大农林机械设计人才创新设计能力及快速研发能力的培养，以机械产品的三维设计为纽带整合 CAD、创新设计、产品设计、农业机械学等课程的教学内容，形成案例丰富、"项目引领、任务驱动"的新教材，本书就是基于上述思考的基础上，按照项目教学法的要求编写而成。

项目教学法采取将理论知识、操作技能融合到每一个项目实施中开展教学，运用项目教学法，不仅能很好地调动学生学习的积极性和自主性，而且非常有利于教学效果和教学质量的提高，其实施流程如下：①给出典型零部件结构尺寸或设定产品功能及参数描述；②分组讨论，并设计、表现方案；③分析、点评作业，讲解投影原理和相关的制图规范，分析作业中存在的问题；④根据相关的要求，调整或修改设计方案（完成任务）"教学做一体化"。本书依据上述实施流程结合农林机械产品三维设计项目教学的需要，设计编写了九个包含不同操作技能的教学项目，将复杂丰富的知识点、操作技能有序地融入到每个项目中，形成基本知识、专项技术应用技能与综合实践能力有机结合的三维设计技术的项目教学法教材内容体系。

市场需求是农林机械产品设计的源泉，项目载体的选择必须充分体现市场发展变化，切实反映农林装备企业生产制造的实际状况。为此我们在教材中融入了许多市场上先进适用的典型农林机械产品的三维设计案例，并将编者从事"十三五"国家重点研发计划"智能农机"项目及浙江省重大科技专项项目过程中研发的新产品作为案例编入教材，一方面为本书农林装备三维设计教学项目提供了新颖、丰富的实例；另一方面体现了科研反哺教学的良性互动。本教材还使用了许多通用、典型农机零部件的三维设计案例，产品 3D 模型基础设计的项目载体皆选自农林机械设计中的典型零件，如法兰盘、圆盘锯、纹杆和缺口圆盘耙片等；

高级造型设计的项目载体则来源于典型的农林装备部件，如螺旋输送搅龙、玉米收获机摘穗辊、勺轮式排种器等。每个项目案例的编写还考虑到了产品造型能力的培养，农林产品的造型设计不仅考虑到了结构、加工工艺的合理可行性，也要满足审美、心理等文化需求，这些综合素质的锻炼对提高学生的设计能力和创新能力都起到了重要作用。

本书的数字化教学资源通过扫描书中二维码即可获得，在本书的数字资源共享平台上不仅可共享开发资源，而且读者通过与编者动态、开放、全方位的互动，使得教材的完善提高及资源建设获得了持续的动力和大众创新智慧的支持，这必将会成为"互联网+"模式下高等教育的新常态。

根据新农科建设"北大仓行动"提出的培养一批创新型、复合型、应用型人才的要求，以及课程改革创新行动中"让课程理念新起来、教材精起来、课堂活起来、学生忙起来、管理严起来、效果实起来"的新要求，结合农林装备产品快速开发能力和三维设计能力的培养需要，《农林机械三维设计技术》教材的编写突出了以下特点：

(1)由浅入深，循序渐进：本书以初步掌握机械制图的读者为对象，先从 Solidworks 使用基础讲起，再辅以丰富的农林机械三维设计案例，帮助读者尽快掌握用 Solidworks 进行农林机械三维设计的方法。

(2)步骤详尽，轻松易学：本书结合作者多年使用 Solidworks 进行农林装备开发和创新的工程案例，将 Solidworks 软件的使用方法与技巧详细地讲解给读者。本书在讲解过程中辅以典型农林机械三维设计实例，并提供了详尽的操作步骤和示例图片，使读者在学习时一目了然，从而快速掌握书中所讲内容。

(3)实例典型，突出应用：本书从头到尾贯穿了 Solidworks 软件使用方法→农林机械三维设计实例练习→应用 Solidworks 设计新模型的基于工作过程导向项目设计的系统化编写思路，通过系统学习耕、耙、播、收等典型农林装备部件和整机三维设计与建模方法，培养读者应用三维设计软件解决农林机械快速开发与创新的能力，从而能培养出适应工业 4.0 和"互联网+"时代需要的农机工程师。

本教材项目一和项目五由浙江农林大学工程学院杨自栋教授编写，项目二和项目三由山东省临沂市农业机械发展促进中心王廷恩工程师编写，项目四由山东超同步智能装备有限公司刘宁宁工程师编写，项目六由浙江农林大学工程学院徐丽君讲师编写，项目七由浙江农林大学硕士研究生闫珍奇编写，项目八由山东理工大学农业工程与食品科学学院的赵静副教授编写，项目九由浙江农林大学工程学院姚立健副教授编写；浙江中为四维技术有限公司李浩瑜工程师、浙江农林大学硕士研究生邸雷和曾恒、浙江工业大学硕士生张永乐等编写了部分案例，全书所有的设计案例都由刘宁宁、王廷恩、闫珍奇调试完成；全书由杨自栋教授审阅并统稿。本书在编写过程中得到了浙江农林大学工程学院院长金春德教授、浙江大学生物与系统工程学院院长何勇教授和山东理工大学农产品加工技术与装备研究院院长王相友教授的指导和支持，在此表示衷心的感谢！

　　技术的进步永无止境，相互学习是提高能力的捷径，相信在和大家的互动中编者和读者都能不断提高和进步。若读者在学习过程中遇到与本书相关的技术问题，请发送邮件到邮箱 21534735@ qq. com，或登录 www. tgcad. com 网站留言或在线咨询，编者会尽快给予解答。在庆祝中华人民共和国成立 70 周年之际完成此书，同时，全国主要粮食作物耕种收农机化水平也取得了接近 70% 的伟大成就，编者既为一直参与国家的农机化事业建设而欣慰，同时也倍感"机器换人"的任务依然艰巨责任重大，希望我们不忘初心，共同为设计出更多更好的农林机械不懈努力。

杨自栋

2019 年 10 月

本书数字资源

目　　录

项目 1　Solidworks 基础与建模技术

　　Solidworks 是一款功能强大的三维 CAD 设计软件，是美国 Solidworks 公司开发的基于 Windows 操作系统为平台的设计软件。Solidworks 相对于其他 CAD 设计软件来说，简单易学，具有高效的简单的实体建模功能，并可以利用 Solidworks 集成的辅助功能对设计的实体模型进行一系列计算机辅助分析，以更好地满足设计需要，节省设计成本，提高设计效率。

　　Solidworks 通常应用于产品的机械设计中，它将产品设计置于 3D 空间环境中进行，设计工程师按照设计思想绘制出草图，然后生成模型实体及装配体，运用 Solidworks 自带的辅助功能对设计的模型进行模拟功能分析，根据分析结果修改设计的模型，最后输出详细的工程图，进行产品生产。

　　由于 Solidworks 简单易用并且有强大的辅助分析功能，已广泛应用于各个行业中，如机械设计、工业设计、电装设计、消费品产品及通信器材设计、汽车制造设计、航空航天的飞行器设计等行业中。可以根据需要方便地进行零部件设计、装配体设计、钣金设计、焊件设计及模具设计等。

　　Solidworks 集成强大的辅助功能，使我们在产品设计过程中可以方便地进行三维浏览、运动模拟、碰撞和运动分析、受力分析、运动算例、在模拟运动中为动画添加马达等。Solidworks 常用的功能工具有：eDrawing、PhotoWorks、3D Instant Website 及 COSMOSMotion 等，另外，还可以利用 Solidworks 提供的 FeatureWorks、Solidworks Toolbox、PDMWorks 等工具来扩展该软件的使用范围。

　　本项目的主要内容是 Solidworks 的基础及基本建模技术，主要介绍该软件的基本概念和常用术语、操作界面、特征管理器和命令管理器，以及零件造型和简单的建模技术，是用户使用 Solidworks 必须要掌握的基础知识，是熟练使用该软件进行产品设计的前提。

1.1　Solidworks 概述和基本概念

　　Solidworks 公司是专门从事三维机械设计、工程分析和产品数据管理软件开发及营销的跨国公司。其软件产品 Solidworks 自 1995 年问世以来，以其优异的性能、易用性和创新性，极大地提高了机械设计工程师的设计效率。功能强大、易学易用和技术创新是 Solidworks 的三大特点，也是 Solidworks 成为领先的、主流的三维 CAD 解决方案的原因。

　　Solidworks 公司根据实际需求及技术的发展，推出了 Solidworks 2018，该软件在用户界面、模型的布景及外观、草图绘制、特征、零件、装配体、配置、运算实例、工程图、出样图、尺寸和公差 COSMOSWorks 及其他模拟分析等方面功能更加强大，使用更加人性化，开发了触摸式交互，缩短了产品设计的时间，提高了产品设计的效率。本节介绍 Solidworks 2018 基础概念，使用户对该软件建立初步的认识。

1.1.1　启动 Solidworks 2018

在 Windows 操作环境下，Solidworks 2018 安装完成后，就可以启动该软件了。选择"开始"→"所有程序"→"Solidworks 2018"菜单命令，或者双击桌面上的 Solidworks 2018 的快捷方式图标，该软件就可以被启动，如图 1-1 所示是 Solidworks 2018 的启动界面。

图 1-1　Solidworks 2018 的启动界面

注意：Solidworks 2018 启动时，在启动画面上会随机产生一个三维装配体。

1.1.2　新建文件

创建新文件时，需要选择创建文件的类型。选择"文件"→"新建"菜单命令，或单击工具栏上的 🗋（新建）按钮，打开"新建 Solidworks 文件"对话框，如图 1-2 所示。

不同类型的文件，其工作环境是不同的，Solidworks 提供了不同类型文件的默认工作环境，对应不同文件模板。在该对话框中有三类图标，分别是零件、装配体及工程图。单击对话框中需要创建文件类型的图标，然后单击"确定"按钮，就可以建立需要的文件，并进入默认的工作环境。

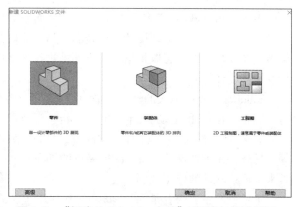

图 1-2　"新建 Solidworks 文件"对话框（新手界面）

在 Solidworks 2018 中，"新建 Solidworks 文件"对话框有两个界面可供选择，一个是新手界面对话框，另一个是高级界面对话框，如图 1-3 所示。

新手界面对话框中使用较简单的对话框，提供零件、装配体和工程图文档的说明。高级界面对话框中在各个标签上显示模板图标，当选择某一文件类型时，模板预览出现在预览框中。在该界面中，MBD（基于模型的定义）允许用

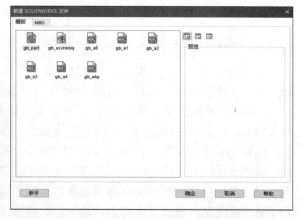

图 1-3　"新建 Solidworks 文件"对话框（高级界面）

户无需工程图便能创建模型，提供集成的 Solidworks 软件制造解决方案。

1.1.3　打开文件

打开已存储的 Solidworks 文件，对其进行相应的编辑和操作。选择"文件"→"打开"菜单命令，或单击工具栏上的 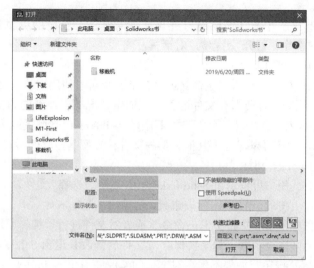（打开）按钮，打开"打开"对话框，如图1-4 所示。

图1-4　"打开"对话框

对话框中的属性设置如下：

（1）文件名：输入打开文件的文件名，或者单击文件列表中所需要的文件，文件名称会自动显示在文件名一栏中。

（2）快速过滤器：选中该选项可以快速查看选择的零件/装配/工程图文件。

（3）参考：单击该按钮，文件清单显示在"编辑参考的文件位置"对话框中，如图1-5所示。

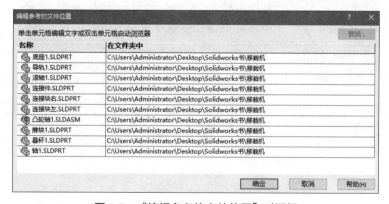

图1-5　"编辑参考的文件位置"对话框

（4）对话框中的"文件类型"下拉菜单用于选择显示文件的类型，显示的文件类型并不限于 Solidworks 类型的文件。默认的选项是 Solidworks 文件（ * . sldprt、 * . sldasm 和 * . slddrw等）。如果在对话框中选择了其他类型的文件，Solidworks 软件还可以调用其他软件所形成的图形对其进行编辑。单击选取需要的文件，并根据实际情况进行设置，然后单击对话框中的

"打开"按钮，就可以打开选择的文件，在操作界面中对其进行相应的编辑和操作。

注意：打开早期版本的Solidworks文件可能需要花费较长的时间，不过文件在打开并保存一次后，打开的时间将恢复正常。已转换为Solidworks 2018格式的文件，将无法在旧版的Solidworks软件中打开。

1.1.4　保存文件

文件只有保存起来，才能在需要时打开该文件对其进行相应的编辑和操作。选择"文件"→"另存为"菜单命令，打开"另存为"对话框。

对话框中的各项功能如下：

(1)文件名：在该栏中可输入自主命名的文件名，也可以使用默认的文件名。

(2)保存类型：用于选择所保存文件的类型。通常情况下，在不同的工作模式下，系统会自动设置文件的保存类型。保存类型并不限于Solidworks类型的文件，如 *.sldprt、*.sldasm 和 *.slddrw，还可以保存为其他类型的文件，方便其他软件对其调用并进行编辑。

1.1.5　退出 Solidworks 2018

文件保存完成后，用户可以退出Solidworks 2018系统。选择"文件"→"退出"菜单命令，或者单击操作界面右上角的"退出"图标按钮，可退出Solidworks。

如果在操作过程中不小心执行了退出命令，或者对文件进行了编辑而没有保存文件而执行退出命令，系统会弹出提示框。如果要保存对文件的修改并退出Solidworks系统，则单击提示框中的"全部保存"按钮。如果不保存对文件的修改并退出Solidworks系统，则单击提示框中的"不保存"按钮。如果不对该文件进行任何操作并且不退出Solidworks系统，则单击提示框中的"取消"按钮，回到原来的操作界面。

1.2　Solidworks 2018 操作界面

Solidworks 2018的操作界面是用户对创建文件进行操作的基础，包括菜单栏、工具栏、特征管理区、绘图区及状态栏等。装配体文件和工程图文件与零件文件的操作界面类似，本节以零件文件操作界面(图1-6)为例，介绍Solidworks 2018的操作界面。

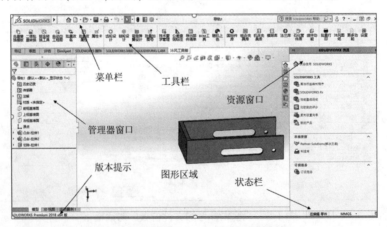

图1-6　Solidworks 2018 操作界面

在Solidworks 2018操作界面中，菜单栏包括了所有的操作命令。工具栏一般显示常用的命令按钮，可以根据用户需要进行相应的设置，设置方法将在1.3.1节进行介绍。CommandManager可以将工具栏按钮集中起来使用，从而为图形区域节省空间。FeatureManager设计树记录文件的创建环境以及每一步骤的操作，对于不同类型的文件，其特征管理区有所差别。绘图区域是用户绘图的区域，文件的所有草图及特征生成都在该区域中完成。FeatureManager 设计树和图形区域为动态链接，可在任一窗格中选择特征、草图、工程视图和构造几何体。状态栏显示编辑文件目前的操作状态。特征管理区中的注解、材质和基准面是系统默认的，可根据实际情况对其进行修改。

1.2.1　菜单栏

中文版 Solidworks 2018 的菜单栏，包括"文件""编辑""视图""插入""工具""窗口"和"帮助"7 个菜单。下面分别进行介绍。

"文件"菜单：包括"新建""打开""保存"和"打印"等命令，如图 1-7 所示。

"编辑"菜单：包括"剪切""复制""粘贴""删除"以及"压缩""解除压缩"等命令，如图 1-8 所示。

"视图"菜单包括显示控制的相关命令，如图 1-9 所示。

图 1-7　"文件"菜单　　　图 1-8　"编辑"菜单　　　图 1-9　"视图"菜单

"插入"菜单：包括"凸台/基体""切除""特征""阵列/镜像""扣合特征""曲面""钣金""模具"等命令，如图 1-10 所示。这些命令也可以通过"特征"工具栏中相对应的功能按钮来实现。

"工具"菜单：包括多种工具命令，如"草图绘制工具""几何关系""测量""质量特性""对称检查"等，如图 1-11 所示。

"窗口"菜单：包括"视口""新建窗口""层叠"等命令，如图 1-12 所示。

"帮助"菜单：命令(图 1-13)可以提供各种信息查询。例如，"Solidworks 帮助"命令可以展开 Solidworks 软件提供的在线帮助文件；"API 帮助"命令可以展开 Solidworks 软件提供的 API(应用程序界面)在线帮助文件，这些均可为用户学习中文版 Solidworks 2018 提供参考。

图 1-10　"插入"菜单　　　　图 1-11　"工具"菜单　　　图 1-12　"窗口"菜单

　　此外，用户还可以通过快捷键访问菜单命令或者自定义菜单命令。在 Solidworks 中右击鼠标，可以激活与上下文相关的快捷菜单，如图 1-14 所示。快捷菜单可以在图形区域和"FeatureManager(特征管理器)设计树"(以下统称为"特征管理器设计树")中使用。

 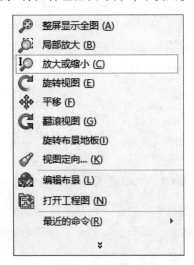

图 1-13　"帮助"菜单　　　　　　　　　图 1-14　快捷菜单

1.2.2　特征管理区

　　特征管理区主要包括 FeatureManager 设计树(特征管理设计树)、PropertyManager(属性管理器)、ConfigurationManager(配置管理器)、FeatureManager 过滤器(特征管理过滤器)以及 DimXpertManager(尺寸专家管理器)等 5 部分。

（1）FeatureManager 设计树在图形区域左侧窗格中的 FeatureManager 设计树标签 ● 上，它提供了激活的零件、装配体或工程图的大纲视图，可以更方便地查看模型或装配体如何构造，或者查看工程图中的不同图纸和视图。FeatureManager 设计树和图形区域为动态链接，可在任一窗格中选择特征、草图、工程视图和构造几何体。FeatureManager 设计树是按照零件和装配体建模的先后顺序，以树状形式记录特征，可以通过该设计树了解零件建模和装配体装配的顺序，以及其他特征数据。在 PropertyManager 设计树中包含 3 个基准面，分别是前视基准面、上视基准面和右视基准面。这 3 个基准面是系统自带的，用户可以直接在其上绘制草图。

（2）FeatureManager 过滤器在图形区域左侧窗格中的 FeatureManager 过滤器标签
▽＿＿＿＿＿＿＿＿＿＿＿＿上，在图标后面可以输入关键字，用来搜索特定的零件特征和装配体零部件。可以按以下方式输入关键字进行过滤：

- 特征类型；
- 特征名称；
- 草图；
- 文件夹；
- 配合；
- 用户定义的标签；
- 自定义属性；
- 过滤图形区域；
- 过滤隐藏或压缩的零部件。

FeatureManager 过滤器的使用方法具体如下：

① 如图 1-15 为过滤前的 FeatureManager 设计树，在 FeatureManager 过滤器
▽＿＿＿＿＿＿＿＿＿＿＿＿中输入关键字，关键字可以是上述的任何方式，在本例中输入"拉伸"，FeatureManager 设计树过滤结果如图 1-16 所示。

②如果要重新显示 FeatureManager 设计树中的所有特征，单击过滤器中的 ✖（取消）按钮。

注意：FeatureManager 设计树中的 ✖ 取消按钮在使用过滤方式后才会出现。

（3）PropertyManager 在图形区域左侧窗格中的 PropertyManager 标签 ▤ 上，该命令在选择 PropertyManager 中所定义的实体或命令时打开，用来查看或修改某一实体的属性。

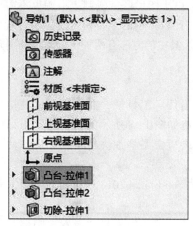

图 1-15　过滤前的 FeatureManager 设计树

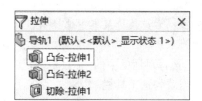

图 1-16　过滤后的 FeatureManager 设计树

（4）ConfigurationManager 在图形区域左侧窗格中的 ConfigurationManager 标签 $\boxtimes$ 上，主要用于显示零件以及装配体的实体配置，是生成、选择和查看一个文件中零件和装配体多个配置的工具。在实际应用中 ConfigurationManager 可以分割并显示两个 Configuration-Manager 实例，或 ConfigurationManager 同 FeatureManager 设计树、PropertyManager 或使用窗格的第三方应用程序相组合。在装配体中，ConfigurationManager 有一可控制显示状态的部分。

（5）DimXpertManager 是对零件进行尺寸和公差标注的管理器，是一组可依据 ASMEY14.41—2003《数字化产品定义数据实施规程》标准的要求对零件进行尺寸和公差标注的工具，可以在 TolAnalys 中使用公差对装配体进行堆栈分析，或在下游 CAM、其他公差分析或测量应用程序中进行分析。

对 DimXpert 而言，标注的特征是指制造特征，例如，在 CAD 领域所生成的"壳"特征，在制造领域是一种"袋套"特征。它可以支持如下特征：凸台、倒角圆锥、圆柱、离散特征类型、圆角、柱形沉头孔、锥形沉头孔、简单直孔、相交直线、相交基准面、相交点、凹口、基准面、袋套、槽口、曲面及宽度等。

对制造特征应用 DimXpert 尺寸时，DimXpert 会先后使用模型特征识别和拓扑识别两种方法来识别特征。

两种模型特征识别各有优势，模型特征识别的优势是：如果修改了模型特征，尤其是添加了特征或者面，识别出的特征便会进行更新。DimXpert 可识别以下设计特征：倒角、装饰螺纹线、用于提取阵列的拉伸、圆角、异形孔向导孔、简单直孔及用于提取阵列的线性阵列、圆周阵列和镜像阵列等。如果模型识别未能识别出特征，DimXpert 将会使用拓扑识别。拓扑识别的优势是：它能够识别出模型识别无法识别的制造特征，例如槽口、凹口和袋套等。如果输入的是实体上的特征，将只使用拓扑识别；如果更改了几何体，但未向阵列特征添加新的实例，拓扑特征便会自动进行更新。

1.3 Solidworks 2018 系统环境

在使用软件前，用户可以根据实际需要设置适合自己的 Solidworks 2018 系统环境，以提高工作的效率。Solidworks 软件同其他软件一样，可以显示或者隐藏工具栏，添加或者删除工具栏中的命令按钮，设置零件、装配体和工程图的操作界面。

1.3.1 工具栏简介

Solidworks 根据设计功能需要，有较多的工具栏，由于图形区域限制，不能也不需要在一个操作中显示所有的工具栏，Solidworks 系统默认的是比较常用的工具栏。在建模过程中，用户可以根据需要显示或者隐藏部分工具栏。常用设置工具栏的方法有两种，下面将分别介绍。

1. 利用菜单命令设置工具栏

利用菜单命令设置工具栏的操作方法如下。

（1）选择"工具"→"自定义"菜单命令，或者右击任一工具栏，在系统弹出的快捷菜单中选择"自定义"选项，如图 1-17 所示，此时系统弹出如图 1-18 所示的"自定义"对话框。

注意：右键快捷菜单中选择项较多，"自定义"选项需要单击快捷菜单中向下的箭头才能显示出来。

（2）选择对话框中的"工具栏"标签，此时会显示 Solidworks 2018 系统所有的工具栏，根据实际需要勾选工具栏。

（3）单击"自定义"对话框中的"确定"按钮，确认所选择的工具栏设置，则会在系统工作界面上显示选择的工具栏。

图 1-17 右键自定义快捷菜单

图 1-18 "自定义"对话框

如果某些工具栏在设计中不需要，为了节省图形绘制空间，要隐藏已经显示的工具栏，单击已经勾选的工具栏，则取消工具栏的勾选，然后单击对话框中的"确定"按钮，此时操作界面上会隐藏取消勾选的工具栏。

2. 利用鼠标右键命令设置工具栏

利用鼠标右键命令设置工具栏的操作方法如下。

（1）在操作界面的工具栏中右击鼠标，系统出现设置工具栏的快捷菜单，如图1-19所示。

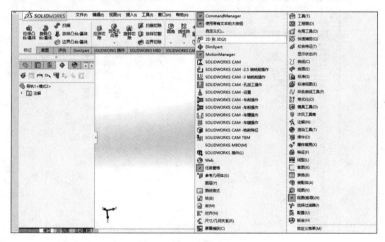

图 1-19 工具栏右键设置显示

（2）如果要显示某一工具栏，单击需要显示的工具栏选项，工具栏名称前面的标志图标会凹进，则操作界面上显示选择的工具栏。

（3）如果要隐藏某一工具栏，单击已经显示的工具栏选项，工具栏名称前面的标志图标会凸起，则操作界面上隐藏选择的工具栏。

隐藏工具栏还有一个更直接的方法，即将界面中需要隐藏的工具栏，用鼠标将其拖到绘图区域中，此时工具栏以标题栏的方式显示工具栏，如图1-20所示是拖到绘图区域中的"曲面"工具栏。如果要隐藏该工具栏，单击工具栏右上角的☒（关闭）按钮，则会在操作界面中隐藏该工具栏。

图1-20　"曲面"工具栏

注意：工具栏对于大部分Solidworks工具以及插件均可使用，命名的工具栏可以方便用户进行特定的设计任务，如应用曲面或工程图曲线等。由于CommandManager默认包含了当前选定文件类型（零件、装配体、工程图）最常用的工具栏，所以其他工具栏将默认为隐藏状态。

1.3.2　工具栏命令按钮

工具栏中系统默认的命令按钮，并不是所有的命令按钮，用户可以根据需要添加或者隐藏命令按钮。

添加或隐藏工具栏中命令按钮的操作方法如下。

（1）选择"工具"→"自定义"菜单命令，或者右击任意工具栏，在系统弹出的快捷菜单中选择"自定义"选项，此时系统弹出"自定义"对话框。

（2）单击"自定义"对话框中的"命令"标签，此时出现如图1-21所示的命令按钮设置对话框。

（3）在左侧"类别"选项中选择添加或隐藏命令所在的工具栏，此时会在右侧"按钮"选

图1-21　命令按钮设置对话框

项出现该工具栏中所有的命令按钮。

（4）添加命令按钮时，在"按钮"选项中，用鼠标单击选择要增加的命令按钮，按住鼠标左键拖动该按钮到要放置的工具栏上，然后松开鼠标左键。单击对话框中的"确定"按钮，工具栏上显示添加的命令按钮。

（5）隐藏暂时不需要的命令按钮时，打开"自定义"对话框的"命令"标签，然后把要隐藏的按钮用鼠标左键拖动到绘图区域中，单击对话框中的"确定"按钮，就可以隐藏该工具栏中的命令按钮。

1.3.3　常用工具栏简介

在 Solidworks 中有丰富的工具栏，在这里，只是根据不同的类别，简要介绍一下常用工具栏里面的常用命令的功能。

在下拉菜单中选择"工具"→"自定义"命令，或者右键单击工具栏出现的快捷菜单中的"自定义"命令，就会出现一个"自定义"的对话框如图 1-22 所示。此时把所需要的工具栏前面打上勾就可以显示在界面上，在界面上也可以将其拖动到适当的位置，也可以靠边放置。

对很多不常用的工具栏，在 Solidworks 里面，可以自行设置命令工具按钮，下面介绍命令的增加和减少的方法。在下拉菜单中选择"工具"→"自定义"命令，或者右键单击工具栏，在出现的快捷菜单中单击"自定义"命令，就会出现一个"自定义"的对话框如图 1-22 所示；然后单击"命令"标签，则出现图 1-23 所示的对话框。

图 1-22　"自定义"对话框　　　　　　　　　图 1-23　自定义命令标签对话框

利用自定义命令可以添加、删除并且重排工具栏中的命令按钮，就可以将最常用的工具栏命令按钮添加到特定的工具栏上，也可以合理地安排命令按钮的顺序。首先在类别中选择要添加命令的类别，在按钮栏选择需要添加的命令按钮，按住左键，拖动鼠标移动到要放置的工具按钮部位，即可把需要的命令按钮放到工具栏里面；操作过程如图 1-24 所示，这里是把平行四边形命令放置到草图工具栏里面的操作。

同样如果要删除命令按钮，就要在工具栏里面，用左键按住命令按钮。拖动鼠标到自定义对话框的命令标签里面的按钮栏，就可以移除命令按钮，它和添加命令按钮的操作是逆向。

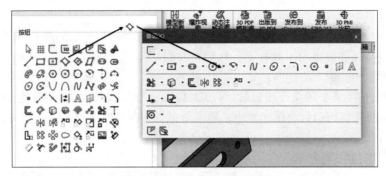

图 1-24   添加命令按钮操作

图 1-25   标准工具栏

1. 标准工具栏

标准工具栏如图 1-25 所示，这是一个简化后的工具栏，只是说明一部分。就是把鼠标放在工具按钮上面，就出现的说明，其他和 Windows 的使用方法是一样的。这里就不再说明，读者可以在操作的过程中熟悉。

⌂   打开 SoolidWorks2018 欢迎对话框。

🗋   新建零件/装配体/工程图。

🗁   打开零件、装配体或工程图。

💾   保存/另存当前文件。

↩   撤销上一步操作。

▨   选择草图实体、边线、顶点、零部件等。

▮   重建已更改的特征。

▤   文件属性，激活文档的摘要信息。

⚙   选项，更改 Solidworks 选项设定。

如图 1-26 所示的是视图工具栏。

图 1-26   视图工具栏

🔑   整屏显示全图，缩放模型以符合窗口的大小。

🔍   局部放大图形，将选定的部分放大到屏幕区域。

🔧   上一视图，选择上一视图。

▥   剖面视图，使用一个或多个横断面基准面生成零件或装配体的剖切。

🔧   动态注解视图，切换动态注解视图。

▦   视图定向，更改当前试图定向或视口数。

▧   显示样式，为活动视图更改显示样式。

⌖   隐藏所有类型，控制所有类型的可见性。

🌐   编辑外观，在模型中编辑实体的外观。

      应用布景，给您的模型应用特定布景。

      视图设定，切换各种视图设定，如 ReealView、阴影、环境封闭及透视图等。

2. 草图绘制工具栏简介

    草图绘制工具栏包含了与草图绘制有关的大部分功能，里面的工具按钮很多，在这里只是介绍一部分比较常用的功能(图 1-27)。

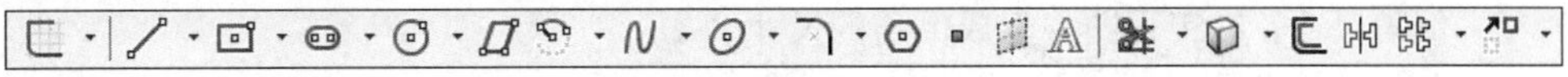

图 1-27 草图绘制工具栏

      草图绘制：绘制新草图，或者编辑现有草图。

      直线：绘制直线。

      矩形：绘制一个矩形。

      直槽口：绘制直槽口。

      圆：绘制圆，选择圆心然后拖动来设定其半径。

      平行四边形：绘制平行四边形。

      切线弧：绘制与草图实体相切的圆弧。选择草图实体的端点，然后拖动来生成切线弧。

      样条曲线：绘制样条曲线，单击来添加形成曲线的样条曲线点。

      椭圆：绘制一个完整椭圆，选择椭圆中心然后拖动来设定长轴和短轴。

      绘制圆角：在交叉点切圆两个草图实体之角，从而生成切线弧。

      多边形：绘制多边形，在绘制多边形后可以更改边侧数。

      点：绘制点。

      基准面：快速插入基准面到 3d 草图。

      文字：添加文字。可在面、边线及草图实体上添加文字。

      裁剪实体：裁剪或延伸一草图实体以使之与另一实体重合或删除一草图实体。

      转换实体引用：将模型上所选的边线或草图实体转换为草图实体。

      等距实体：通过以一指定距离等距面、边线、曲线或草图实体来添加草图实体。

      镜向实体：沿中心线镜向所选的实体。

      线性草图阵列：添加草图实体的线性阵列。

      圆周草图阵列：添加草图实体的圆周阵列。

      移动实体：移动草图实体和注解。

3. 尺寸/几何关系工具栏简介

    尺寸/几何关系工具栏用于标注各种控制尺寸以及和添加的各个对象之间的相对几何关系。如图 1-28 所示，这里简要说明各按钮的作用。

图 1-28 尺寸/几何关系工具栏

      智能尺寸：为一个或多个实体生成尺寸。

      水平尺寸：在所选实体之间生成水平尺寸。

      垂直尺寸：在所选实体之间生成垂直尺寸。

      基准尺寸：在所选实体之间生成参考尺寸。

  尺寸链：从工程图或草图的横纵轴生成一组尺寸。

  水平尺寸链：从第一个所选实体水平测量而在工程图或草图中生成的水平尺寸链。

  垂直尺寸链：从第一个所选实体水平测量而在工程图或草图中生成的垂直尺寸链。

  角度运行尺寸：创建从零度基准测量的角度尺寸集。

  路径长度尺寸：创建路径长度的尺寸。

  倒角尺寸：在工程图中生成倒角的尺寸。

  完全定义草图。

  添加几何关系：控制带约束(例如同轴心或竖直)的实体的大小或位置。

  自动几何关系：打开或关闭自动添加几何关系。

  显示/删除几何关系：显示和删除几何关系。

  搜寻相等关系：在草图上搜寻具有等长或等半径的实体。在等长或等半径的草图实体之间设定相等的几何关系。

  孤立更改的尺寸：孤立自从上次工程图保存后已更改的尺寸。

4. 参考几何体工具栏简介

参考几何体工具栏用于提供生成与使用参考几何体的工具，如图 1-29 所示。

图 1-29　参考几何体工具栏

  基准面：添加一参考基准面。

  基准轴：添加一参考基准轴。

  坐标系：为零件或装配体定义一坐标系。

  点：添加一参考点。

  质心：添加质心。

  配合参考：为使用 SmartMate 的自动配合指定用为参考的实体。

5. 特征工具栏简介

特征工具栏提供生成模型特征的工具，其中命令功能很多，如图 1-30 所示。特征包括多实体零件功能。可在同一零件文件中包括单独的拉伸、旋转、放样或扫描特征。

图 1-30　特征工具栏

  拉伸凸台/基体：以一个或两个方向拉伸一草图或绘制的草图轮廓来生成一实体。

  旋转凸台/基体：绕轴心旋转一草图或所选草图轮廓来生成一实体特征。

  扫描：沿开环或闭合路径通过扫描闭合轮廓来生成实体特征。

  放样凸台/基体：在两个或多个轮廓之间添加材质来生成实体特征。

  拉伸切除：以一个或两个方向拉伸所绘制的轮廓来切除一实体模型。

  旋转切除：通过绕轴心旋转绘制的轮廓来切除实体模型。

  扫描切除：沿开环或闭合路径通过扫描闭合轮廓来切除实体模型。

  放样切除：在两个或多个轮廓之间通过移除材质来切除实体模型。

  圆角：沿实体或曲面特征中的一条或多条边线来生成圆形内部面或外部面。

倒角：沿边线、一串切边或顶点生成一倾斜的边线。

筋：给实体添加薄壁支撑。

抽壳：从实体移除材料来生成一个薄壁特征。

拔模：使用中性面或分型线按所指定的角度削尖模型面。

异型孔向导：用预先定义的剖面插入孔。

线性阵列：以一个或两个线性方向阵列特征、面及实体。

圆周阵列：绕轴心阵列特征、面及实体。

参考几何体。

6. 工程图工具栏简介

工程图工具栏用于提供对齐尺寸及生成工程视图的工具，如图 1-31 所示。一般来说，工程图包含几个由模型建立的视图。也可以由现有的视图建立视图。例如，剖面视图是由现有的工程视图所生成的，这个过程是由这个工具栏实现的。

图 1-31　工程图工具栏

模型视图：根据现有零件或装配体添加正交或命名视图。

投影视图：从一个已经存在的视图展开新视图而添加一投影视图。

辅助视图：从一线性实体(边线、草图实体等)通过展开一新视图而添加一视图。

剖面视图：以剖面线切割父视图来添加一剖面视图。

局部视图：添加一局部视图来显示一视图某部分，通常放大比例。

相对视图：添加一个由两个正交面或基准面及其各自方向所定义的相对视图。

标准三视图：添加三个标准、正交视图。视图的方向可以为第一角或第三角。

断开的剖视图：将一断开的剖视图添加到一显露模型内部细节的视图。

断裂视图：在所选视图中添加折断线。

剪裁视图：剪裁现有视图以只显示视图的一部分。

交替位置视图：添加一显示模型配置置于模型另一配置之上的视图。

空白视图：添加一常用来包含草图实体的空白视图。

预定义视图：添加以后以模型增值的预定义正交、投影或命名视图。

更新视图：更新所选视图到当前参考模型的状态。

替换模型：更改所选实体的参考模型。

7. 装配体工具栏简介

装配体工具栏用于控制零部件的管理、移动及其配合，插入智能扣件，如图 1-32 所示。

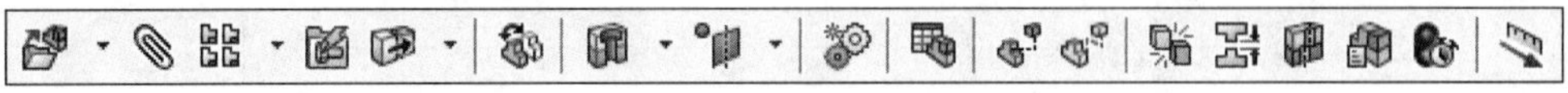

图 1-32　装配体工具栏

插入零部件：添加一现有零件或子装配体到装配体。

配合：定位两个零部件使之相互配合。

线性零部件阵列：以一个或两个方向阵列零部件。

智能扣件：使用 Solidworks Toolbox 标准件库将扣件添加到装配体。

　　移动零部件：在由其配合所定义的自由度内移动零部件。

　　隐藏/显示零部件：隐藏或显示零部件。

　　装配体特征：生成各种装配体特征。

　　参考几何体。

　　新建运动算例：插入新运动算例。

　　材料明细表：添加材料明细表。

　　爆炸视图：将零部件分离成爆炸视图。

　　爆炸直线草图：添加或编辑显示爆炸的零部件之间几何关系的 3D 草图。

　　干涉检查：检查零部件之间的任何干涉。

　　间隙检查：验证零部件之间的间隙。

　　孔对齐：检查装配体孔对其。

　　装配体直观：按自定义属性直观装配体零部件。

　　性能评估：显示相应的零件、装配体、工程图统计，如零部件的重建次数和数量。

1.3.4　快捷键和鼠标调整视图方法

　　Solidworks 提供了更多方式来执行操作命令，除了使用菜单和工具栏中命令按钮执行操作命令外，用户还可以通过设置快捷键来执行操作命令。快捷键设置的具体操作方法如下。

　　(1)选择"工具"→"自定义"菜单命令，或者右击工具栏任意区域，在快捷菜单中选择"自定义"选项，此时系统弹出"自定义"对话框。

　　(2)在左侧"类别"选项栏中选择"注解"工具栏，在右侧"按钮"选项栏中用鼠标左键选择某个命令按钮。单击"键盘"按钮，此时出现如图 1-33 所示的快捷键设置框。

图 1-33　快捷键设置框

（3）在"类别"一栏的下拉菜单中选择要设置快捷键的菜单项，然后在"命令"选项中单击选择要设置快捷键的命令，然后输入快捷键，则在"快捷键"一栏中显示设置的快捷键。

（4）如果要移除快捷键，按照上述方式选择要删除的命令，单击对话框中的"移除快捷键"按钮，则删除设置的快捷键；如果要恢复系统默认的快捷键设置，单击对话框中的"重设到默认"按钮，则取消自行设置的快捷键，恢复到系统默认设置。

（5）单击对话框中的"确定"按钮，完成快捷键的设置。

注意：在设置快捷键时，如果某一快捷键已经被使用，则系统会提示该快捷键已经指定给某一命令，并提示是否要将该命令指派更改到新的命令中，如图 1-34 所示为将<Ctrl+O>快捷键指定给"另存为"命令时系统出现的提示框。

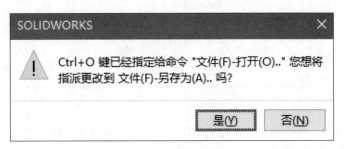

图 1-34　快捷键设置系统提示框

在绘制与编辑图形时，为了操作方便，经常需要缩放、平移或旋转视图。使用鼠标和键盘调整视图的具体方法如表 1-1 所示。

表 1-1　鼠标和键盘调整视图方法表

鼠标操作	作用
前后滚动鼠标滚轮	缩小或放大视图（应注意放大操作时的鼠标位置，Solidworks 将以鼠标位置为中心放大操作区域）
按住鼠标滚轮并移动光标	旋转视图
使用鼠标滚轮选中模型的一条边，再按住鼠标滚轮并移动光标	将绕此边线旋转视图
按住<Ctrl>键和鼠标滚轮，然后移动鼠标	平移视图
按住<Alt>键和鼠标滚轮，然后移动鼠标	以垂直于当前视图平面的，并通过对象中心的直线为旋转轴旋转视图

（续）

键盘操作	作用
方向键	水平（左、右方向键）或竖直（上、下方向键）旋转对象
<Shift>+方向键	水平（左、右方向键）或竖直（上、下方向键）旋转90°
<Alt>+左、右方向键	绕中心旋转（绕垂直于当前视图平面的中心轴旋转）
<Ctrl>+方向键	平移
<Shift+Z>/<Z>	动态放大（<Shift+Z>放大）或缩小（按<Z>键缩小）
<F>	整屏显示视图
<Ctrl+Shift+Z>	显示上一张视图
<Ctrl+1>	显示前视图
<Ctrl+3>	显示左视图
<Ctrl+5>	显示上视图
<Ctrl+7>	显示等轴测图
<Ctrl+8>	正视于选择的面
空格键	打开"方向"对话框

1.3.5　背景

在 Solidworks 中，可以设置个性化的操作界面，主要是改变视图的背景。

设置背景的操作方法如下。

（1）选择"工具"→"选项"菜单命令，系统弹出"系统选项"对话框，系统默认选择为打开对话框中的"系统选项"选项卡。

（2）在对话框中的"系统选项"选项卡中选择"颜色"选项，在右侧"颜色方案设置"一栏中单击选择"视区背景"选项，然后单击右侧的"编辑"按钮。

（3）此时系统弹出"颜色"对话框，根据需要单击选择需要设置的颜色，然后单击"确定"按钮，为视区背景设置合适的颜色。

（4）单击"系统选项"对话框中的"确定"按钮，完成背景颜色设置。

设置其他颜色时，如工程图背景、特征、实体、标注及注解等，可以参考上面的步骤进行，这样根据显示的颜色就可以判断图形处于什么样的编辑状态中。

1.3.6　单位

在绘制图形前，需要设置系统的单位，包括输入类型的单位及有效位数。系统默认的单位为"MMGS（毫米、克、秒）"，用户可以根据实际需要使用自定义方式设置其他类型的单位系统以及有效位数等。

设置单位的操作方法如下。

（1）选择"工具"→"选项"菜单命令，系统弹出"系统选项"对话框，单击对话框中的"文档属性"标签。

（2）单击选择"文档属性"标签中的"单位"选项，如图 1-35 所示，在右侧"单位系统"一栏中点选实际需要的单位系统，默认为"MMGS（毫米、克、秒）"单位系统，在右下侧列表中对单位类型选择合适的单位及有效小数位数。

（3）单击"文档属性"对话框中的"确定"按钮，完成单位的设置。针对不同的应用场合，设计精度要求不同，如图 1-36 所示为使用四位有效数字显示长度尺寸时的标注和使用两位有效数字显示长度尺寸时的标注。

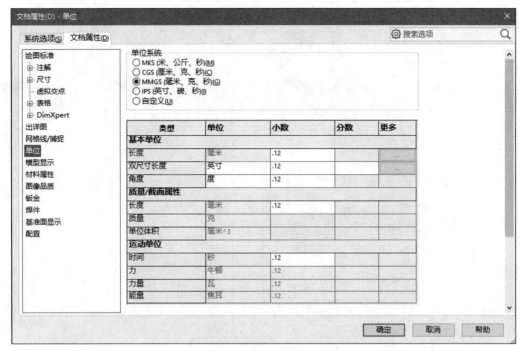

图 1-35　设置单位时的对话框

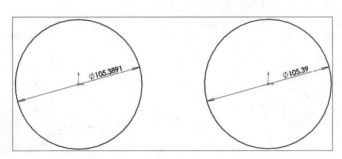

图 1-36　四位和两位有效数字的标注

1.3.7　Solidworks 零部件三维设计流程

通常可通过如下流程来完成机械零部件的三维设计：

（1）创建草图：创建模型的草绘图形，此草绘图形可以是模型的一个截面或轨迹等。

（2）创建特征：添加拉伸、旋转、扫描等特征，利用创建的草绘图形创建实体。

（3）装配部件：如果模型为装配体，那么还需要将各个零部件按某种规则进行装配，以检验零部件间配合是否合理。

（4）仿真和分析：为了验证设计的机械能否平稳运行，可以首先模拟机器运转动画，另外还可使用有限元分析判断其内部的受力等情况，以确认所设计零件或机械的可靠性。

（5）绘制工程图：二维工程图有利于工作台的工作人员按照图样要求加工零件，依照三维实体绘出二维的工程图是 Solidworks 的强项，并且比直接绘制二维图形要迅速。具体设计过程如图 1-37 所示。

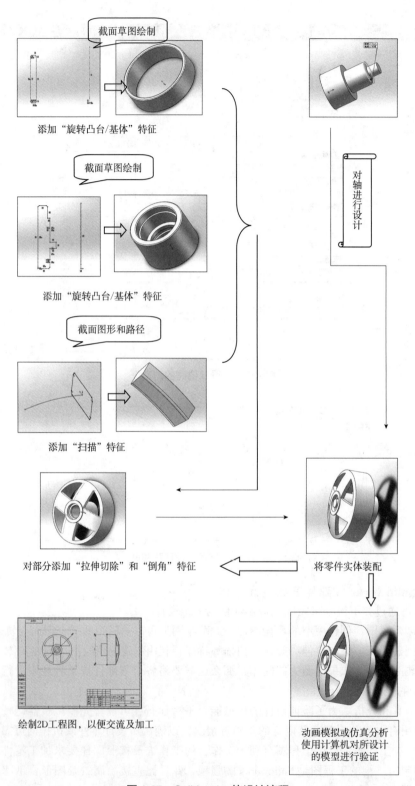

图 1-37   Solidworks 的设计流程

1.4　项目实训

实训任务一　Solidworks 入门

一、实训目的

熟悉 Solidworks 工作环境，通过图形绘制掌握基准面的概念及 Solidworks 作图流程。

二、实训内容及步骤

1. 启动 Solidworks 2018 的三种方法

（1）在桌面双击 Solidworks 2018 的快捷键图标 ⬛。

（2）执行"开始"→"所有程序"→"Solidworks 2018"命令。

（3）在保存有 Solidworks 2018 源文件的文件中双击扩展名为 .SLDPRT 或 .SLDASM 或者 .SLDDRW 的 Solidworks 源文件。

2. 退出 Solidworks 2018 的三种方法

（1）单击 Solidworks 2018 界面标题栏右边的 ⬛ 按钮。

（2）执行"文件"→"退出"命令。

（3）按"Alt+F4"键。

3. 认识 Solidworks 2018 界面组成（图 1-38）

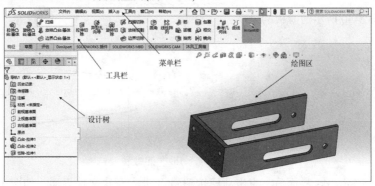

图 1-38　Solidworks 2018 的界面

草图工具栏（功能：绘制草图，为特征造型打下基础）：

特征工具栏（功能：通过草图，进行拉伸、切除、旋转等三维特征造型）：

装配工具栏（功能：由三维零件图，组成三维装配图）：

钣金工具栏（功能：钣金类零件的生成工具）：

4. 了解 Solidworks 2018 绘图的基本步骤(图 1-39)

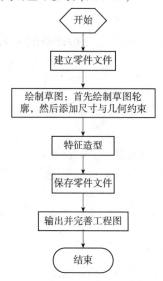

图 1-39　Solidworks 的绘图步骤

5. 练习题

练习 1："薄板"的绘制

完成如图 1-40 所示的薄板的绘制。

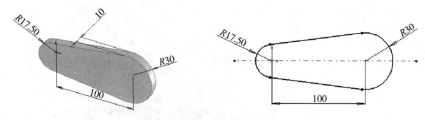

图 1-40　"薄板"的绘制

(1)进入 Solidworks 界面后，点击新建按钮，进入新建文件界面，如图 1-41 所示。点击零件按钮，进入三维零件图的绘制界面。

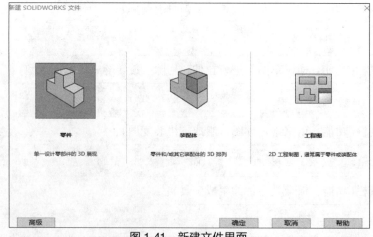

图 1-41　新建文件界面

（2）在设计树中点击前视基准面，选中前视基准面。然后再草图工具栏中，点击 ，进入草图绘制模式。

（3）点击绘图工具栏中的"直线"按钮 ∕· 右侧的小箭头，选择中心线（中心线为构造线，不参与建模）。在绘图区域中找到原点，停留片刻，向左平移鼠标，会出现虚线显示的导航线，把鼠标水平移动到合适位置后，点击鼠标左键，然后向右平移鼠标到合适位置，再点击鼠标左键，直线绘制完成，按 Esc 键退出。

（4）绘制 φ35、φ60 的两个圆。点击圆 ⊙，然后把鼠标移动到原点处，点击鼠标左键，拖动鼠标绘图区域出现圆之后点击鼠标左键。然后按上述方法，在水平构造线上的适当位置，绘制另一个圆。点击 ⬚，然后捕捉第一个圆，点击鼠标，把尺寸线移动到适合位置点击鼠标左键，在尺寸编辑框中输入尺寸"35"，回车，完成添加该圆的尺寸，同样方式，添加另一个圆的尺寸 60。最后应用鼠标捕捉 φ35 的圆点击鼠标左键，捕捉 φ60 点击鼠标左键，将尺寸线移动到合适位置，点击鼠标左键，在尺寸编辑框中输入尺寸"100"。按 Esc 退出。

（5）绘制直线，点击直线按钮 ∕·，在绘图区域随意绘制一条直线。按住 Ctrl 键，选中 φ35 和直线的左端点，在左侧的"属性"对话框中添加几何关系——重合。然后按住 Ctrl 键，重新选择 φ35 和直线，在左侧的属性对话框中添加几何关系——相切。按照同样的操作，添加直线和 φ60 的几何关系，如图 1-42 所示。

（6）然后应用步骤（5）中的操作，完成另一条直线的绘制。

图 1-42　"属性"对话框

图 1-43　"凸台-拉伸"对话框

（7）点击剪裁实体按钮 ⬚，在左侧剪裁对话框中，选择裁剪到最近端选项，点击多余的线条，按 Esc 退出。

（8）切换到特征工具栏，点击拉伸凸台按钮 ⬚。在左侧"凸台-拉伸"对话框中，方向 1（1）的属性选择"给定深度"，深度值输入"10"，按回车。完成"薄板"的绘制，如图 1-43 所示。

（9）点击"保存"按钮 ⬚，完成零件文件的保存。

练习 2：端盖的绘制

本实训的任务是绘制如图 1-44 所示的端盖，其尺寸及三维图形如图所示。

（1）新建一个零件文件。选中前视基准面，点击草图绘制工具栏中的"草图绘制"按钮。

（2）以原点为中心，绘制两条中心线。点击"矩形"按钮 ▢ ▾ 右侧的向下箭头，选择中心矩形，通过鼠标捕捉原点后，点击鼠标左键，然后拖动鼠标再点击鼠标左键。然后点击"圆角按钮" ⌐，在左侧的绘制圆角对话框中，输入圆角的半径 15。选择矩形的四个角点，回车。按 Esc

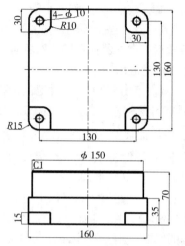
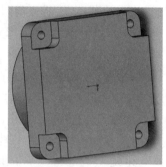

图 1-44 端盖的三视图及三维造型

退出。点击"智能尺寸" ⬚，添加矩形的长和宽的尺寸 130、160。

（3）选择特征工具栏的"拉伸凸台" ⬚，在左侧"凸台-拉伸"对话框中，方向 1（1）的属性选择"给定深度"，深度值输入"35"，按回车。

（4）选择六面体的后端面，如图 1-45（a）所示。点击"草图绘制"按钮 ⬚，进入草图绘制模式。在设计树中选择该草图对应的图标 ▢ ⟨⟩草图2，点击鼠标左键，选择"正视于" ⬚，点击"矩形"按钮 ▢ ▾ 右侧的向下箭头，选择边角矩形，通过"智能尺寸"按钮 ⬚ 添加矩形的尺寸约束。点击"绘制圆角"按钮 ⌐，输入圆角半径值"10"，回车或者点击绘制圆角对话框左上角的确定按钮 ✓。然后过原点绘制竖直和水平的中心线。点击"实体镜像"按钮 ⬚ 镜向实体，弹出"镜向"对话框，如图 1-46 所示，鼠标选中编辑框"要镜向的实体框"，然后选中刚刚绘制的矩形及圆角，然后点选编辑框"镜向点"，然后选择水平中心线，点击确定按钮 ✓。然后重复镜向操作，绘制另外的两个矩形，如图 1-45（b）所示。

（5）点击特征的"拉伸切除"按钮 ⬚，弹出"切除-拉伸"对话框，如图 1-47 所示，在方向 1（1）属性中，选择终止条件"给定深度"，输入深度值 15，点击确定按钮 ✓，如图 1-45（c）所示。

（6）点选步骤（5）中的拉伸切除的底面，如图 1-45（c）所示。点击"草图绘制"按钮 ⬚，进入草图绘制模式。在设计树中选择该草图对应的图标 ▢ ⟨⟩草图3，右击鼠标，选择"正视于" ⬚。左击草图工具栏中"圆"按钮 ⊙，将鼠标移动到同心圆弧上，并停留片刻，软件自动捕捉该圆弧的圆心，鼠标左击圆心，拖动鼠标，并点击鼠标左键。点击 ⬚，输入该圆的直径值"10"。按照相同的操作，绘制其他三个圆。

（7）点击特征的"拉伸切除"按钮 ⬚，弹出"拉伸切除"对话框，在方向 1 属性中，选择终止条件"完全贯穿"，点击确定按钮 ✓，如图 1-45（d）所示。

（8）在设计树中选择"上视基准面"，点击"草图绘制"按钮 ⬚，进入草图绘制模式。在设计树中选择该草图对应的图标 ⌐ (-) 草图4 ，右击鼠标，选择"正视于" ↓ 。点击"直线"按钮 ╱ ·右侧的小箭头，选择中心线，过原点绘制竖直的中心线。过原点绘制一个矩形，并定义其尺寸 35、75。点击"绘制圆角" ⌒ ·右侧的向下箭头，选择绘制倒角，在屏幕左侧弹出"绘制倒角"的对话框，倒角参数选择"距离–距离"，勾选相等距离，并在距离对话框中输入"1"，如图 1-48 所示。点击确定按钮 ✓ 。草图如图 1-45(e) 所示。

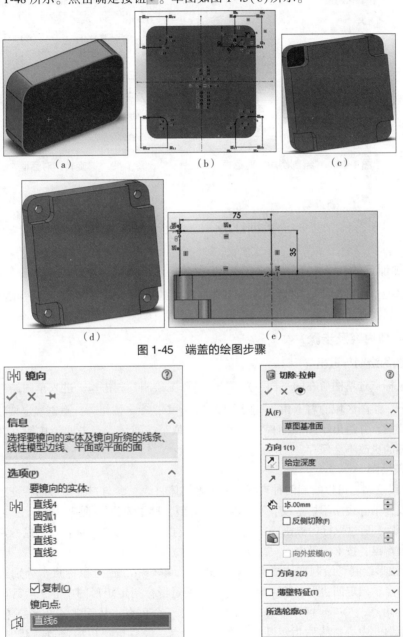

图 1-45 端盖的绘图步骤

图 1-46 "镜向"对话框   图 1-47 "切除–拉伸"对话框

(9) 点击特征工具栏的"旋转凸台"按钮 ，弹出"旋转"对话框，点选编辑框"旋转轴"使其高亮显示，然后鼠标选择构造线，旋转角度为 360°，点击确定 ✓(图 1-49)。

（10）保存文件，完成端盖的绘制。

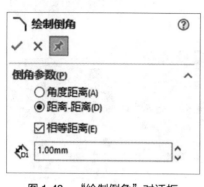

图 1-48　"绘制倒角"对话框

图 1-49　"旋转"对话框

实训任务二　草图绘制

一、实训目的

熟练掌握草图绘制工具的操作方法；掌握尺寸的标注、修改方法；掌握几何关系的添加、删除、修改方法。

二、实训内容及步骤

1. 草图的绘制与退出

首先鼠标点选草图所在的平面，然后点击"草图绘制"按钮，进入草图绘制模式。在草图模式下，绘图区域的右上角，有两个按钮，一个是确定按钮，点击确定按钮，会保存所绘制的草图，并退出草图绘制模式；另一个是取消按钮✖，点击取消按钮，退出草图模式，对草图的更改不会保存。

2. 线条绘制

（1）直线绘制：可以绘制两种直线。一种是实体直线，参与三维图形的特征造型；另一种是中心线，中心线属于构造线，不参与特征造型，只作为旋转轴线、中心线等。点击"直线"按钮后，通过鼠标的点击确定直线的一个端点，然后移动鼠标在点击鼠标左键确定直线的另一个端点，按 Esc 退出。

（2）四边形绘制：绘制四边形有 5 种方式。边角矩形，通过鼠标点击分别选择矩形对角线上的两点，确定四边形；中心矩形，首先通过鼠标指定矩形的中心，然后再指定矩形的其中一个角点；3点边角矩形，依次指定矩形的三个角点，从而确定矩形；3 点中心矩形，首先指定矩形的中心，然后指定其中一个边的中点，最后指定矩形该边的其中一个端点；平行四边形，顺序指定四边形的三个角点，从而确定一个平行四边形。

（3）槽的绘制：槽的绘制主要有四种方式。直槽口，槽的中心线是直线，通过鼠标依次选择中心线的两个端点，最后通过鼠标点选确定槽的宽度；中心点直槽口，槽的中心线是直线，通过鼠标依次选择中心线的中点和其中一个端点，最后通过鼠标点选确定槽的宽度；

三点圆弧槽口，槽的中心线是圆弧，通过鼠标依次选择圆弧的第一个端点、第二个端点和中间某一点，最后通过鼠标点选确定槽的宽度；中心点圆弧槽口(I)，槽的中心线是圆弧，通过鼠标依次选择圆弧的圆心、第一个端点和第二个端点，最后通过鼠标点选确定槽的宽度。

(4)圆的绘制：有两种绘制方法。 圆(R)，依次指定圆的圆心以及圆上一点，确定圆；周边圆，通过指定圆上三个点来确定圆。

(5)圆弧的绘制：有三种绘制圆弧的方式。 圆心/起/终点圆弧(T)，通过鼠标依次指定圆弧的圆心，圆弧的起始端点和圆弧的终点，从而确定圆弧；切线弧，切线弧主要绘制与现有线条相切的圆弧，首先指定相切线条的端点，然后再指定圆弧的另外一个端点；3 点圆弧(T)，通过鼠标依次指定圆弧的起始端点、终止端点，最后指定圆弧中间一点，确定圆弧凸起的方向。

(6)多边形的绘制 ：点击"多边形"按钮 后，通过鼠标依次指定多边形的中心、任一边的端点，然后再左侧弹出的"多边形"对话框中，编辑多边形的属性。最后通过 以及添加几何关系的方法，使其完全定义，如图 1-50(a)所示。

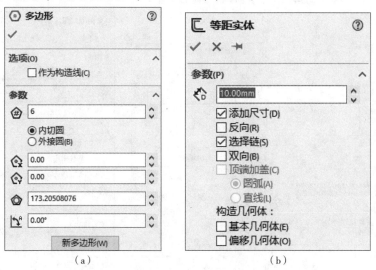

（a）　　　　　　　　　　　　　　　（b）

图 1-50　多边形绘制与等距实体

(7)椭圆的绘制： 椭圆(L)，通过指定椭圆的中心、第一个轴的端点、第二个轴的半周长，来确定椭圆；部分椭圆(P)，首先通过指定椭圆的中心、第一个轴的端点、第二个轴的半周长，来确定椭圆，然后指定椭圆弧的起始端点和终止端点；抛物线，通过依次指定椭圆的焦点、顶点确定抛物线，然后再指定抛物线的起始端点和终止端点。

(8)圆角/直角的绘制： 绘制圆角，点击"绘制圆角"按钮后，输入圆角的半径值，然后指定两个相交线条的交点或者指定两个线条，回车，即可绘制圆角；绘制倒角，有两种参数输入方式，一种是输入角度和距离，另一种是输入两个距离，输入参数之后，然后指定两个相交线条的交点或者指定两个线条，回车，即可绘制倒角。

3. 线条修改

(1)修剪 ：有五种剪裁方式。①强劲剪裁，首先选中所要剪裁的线条，然后再在线条上点选一点，将线条一分为二，较短的被切除；②边角，首先点选两个相交的直线，两条直线以交点为界，点选的部分被保留，其他部分被剪除；③在内剪除，首先用鼠标选中剪裁的两条边界线，然后选择被剪除的对象，则该对象处于两条边界之内的部分被剪除，其余部分被保留；④在外剪除，首先用鼠标选中剪裁的两条边界线，然后选择被剪除的对象，则该对象处于两条边界之内的部分被保留，其余部分被剪除；⑤剪裁到最近端，直接选择被剪除的线条，线条被剪裁至最近的交点。

（2）延伸实体 $\top$ 延伸实体 ：用鼠标选择被延伸的对象，该对象自动延伸到最近的线条。

（3）转换实体引用 ：点击 后，选择已有的空间轮廓线，绘制该空间轮廓线在该平面上的投影线。

（4）等距实体 ：如图 1-50（b）所示。选择源对象，添加对应的参数。作为制作基体结构表示等距实体后，源对象变为构造线。顶端加盖只用于双向等距，两等距实体两端被封闭。

（5）镜向实体 镜向实体 ：如图 1-51（a）所示，选中编辑框"要镜向的实体"后，在绘图区域选择要镜向的对象，该对象即会出现在编辑框中；选中编辑框"镜向点"，选择对称中心线，该对象即会出现在编辑框中。然后点击确定。

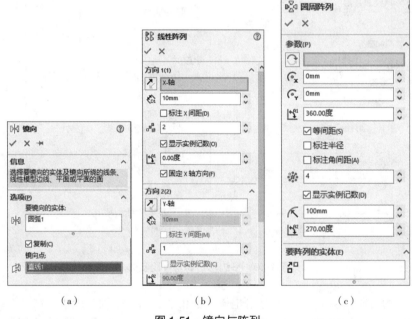

（a）　　　　　　　　（b）　　　　　　　　（c）

图 1-51　镜向与阵列

（6）线性阵列 线性草图阵列 ：方向 1（1）中第一个编辑框是选择阵列的方向，选中使其高亮显示后，可以直接在草图上选择某一条直线作为第一个阵列方向，点击"反向"按钮 后，使特征向相反方向阵列， 该编辑框，输入方向 1 阵列的数量；方向 2（2）的情况与方向 1（1）的情况类似；选中"要阵列的实体"编辑框后，选择阵列的源对象，如图 1-51（b）所示。

（7）圆周阵列 圆周草图阵列 ：选中第一个编辑框后，通过鼠标指定阵列的中心，该编辑框左侧的按钮 ，点击后可以改变阵列的方向。第二个和第三个编辑框是阵列中心的坐标值。该图标 对应的编辑框，需要输入阵列的数量。图标 对应的编辑框表示阵列的角度范围。"要阵列的实体"编辑框中显示的是阵列源对象，如图 1-51（c）所示。

4. 几何关系添加与编辑

对于单个对象的几何约束，通过鼠标直接选中被约束的对象，会弹出如图 1-52(a)所示的对话框。"现有的几何关系"编辑框中列举了当前所有的几何关系，对于某一个约束关系，可以直接右击鼠标，进行删除。"添加几何关系"中列举了可以添加的几何关系，点击对应的按钮即可。"选项"中，点选"作为构造线"后，被选择的线条将作为构造线。

对于多个对象之间的几何约束，需要按着 Ctrl 键，通过鼠标选择被约束的对象，会弹出如图 1-52(b)所示的对话框。"现有的几何关系"编辑框中列举了当前所有的几何关系，对于某一个约束关系，可以直接右击鼠标，进行删除。"添加几何关系"中列举了可以添加的几何关系，点击对应的按钮即可。"选项"中，点选"作为构造线"后，被选择的线条将作为构造线。

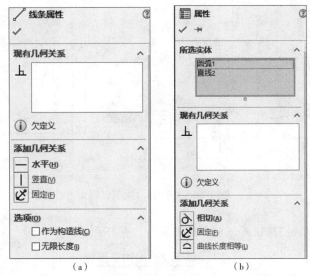

图 1-52　几何关系添加

5. 练习题

练习 1：烛台草图绘制

本实训任务为完成一个烛台草图的绘制，烛台的基本尺寸和三维造型如图 1-53 所示。

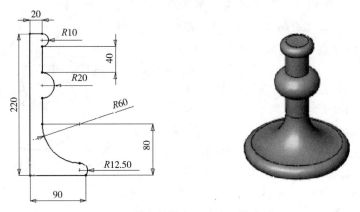

图 1-53　烛台的基本尺寸和三维造型

（1）新建一个零件图，选中前视基准面，并正视于该基准面。首先点击"直线"按钮 ✎，绘制过原点的竖直中心线。

（2）"直线"按钮 ✎、"圆弧"按钮 ☍ 绘制基本的轮廓，如图 1-54（a）所示。

（3）通过"智能尺寸"按钮 🖉，按照图上所示的尺寸进行标注，结果如图 1-54（b）所示。

（4）添加几何约束关系：两个长度为 40 的直线均为竖直直线、R20 的圆弧端点及圆心竖直、下面长度为 40 的直线与 R60 的圆弧相切、R60 的圆弧与 R12.5 的圆弧相切。注意：约束不可重复定义，如图 1-54（c）所示。

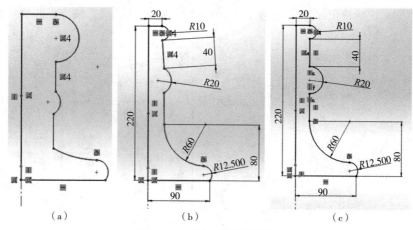

图 1-54　"烛台"绘制过程

（5）点击"旋转凸台"按钮 🖉，选择旋转轴后，点击确定 ✔。

练习 2：吊钩草图绘制

本实训任务主要完成吊钩草图的绘制，其具体尺寸如图 1-55 所示。

（1）新建一个零件图，选中前视基准面，并正视于该基准面。首先点击直线按钮 ✎ 右侧的下拉箭头，选择中心线，绘制过原点的竖直中心线。

（2）点击直线按钮 ✎，绘制长度为水平直线，点击"智能尺寸"按钮 🖉，添加尺寸 16，按着 Ctrl 键，选中原点和该直线，添加几何关系"中点"。

（3）然后点击"直线"按钮 ✎ 绘制竖直直线，及水平直线，如图 1-56（a）所示。点击"智能尺寸"按钮 🖉，添加竖直直线的尺寸 20，水平直线尺寸 14。点击 ⊪ 镜向实体 按钮，选中编辑框"要镜向的实体"，然后选择刚绘制的两条直线，选中编辑框"镜向点"，然后选择对称中心线。回车或者点击确定按钮 ✔。

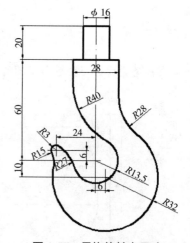

图 1-55　吊钩的基本尺寸

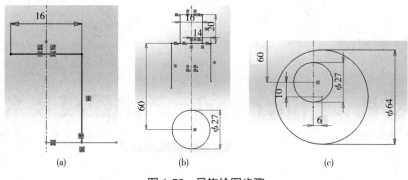

图 1-56 吊钩绘图步骤

（4）点击"圆"按钮 ⊙，在中心线上绘制一个圆，然后点击 📏，添加其直径 27、距离横边为 60，如图 1-56（b）所示。然后再在该圆的右下方绘制一个圆，点击 📏，添加定形尺寸、定位尺寸，如图 1-56（c）所示。

（5）点击 ⤵切线弧，选择竖直直线的端点和 ϕ64 的圆，绘制的圆弧和直线相切、与 ϕ64 的圆重合。按着 Ctrl 键，选择圆弧和 ϕ64 的圆，添加几何关系"相切"，然后点击 📏，添加其半径 28，如图 1-57（a）所示。按照相同的操作，绘制左侧半径为 40 的圆弧。

（6）点击"圆"按钮 ⊙，绘制一个圆，然后点击 📏，添加其直径尺寸 6，添加位置尺寸 6、24，如图 1-57（b）所示。

（7）点击 ⊙ 周边圆，用鼠标选择圆 ϕ6 和圆 ϕ27，绘制圆，该圆均与圆 ϕ6、圆 ϕ27 相切，然后添加其直径尺寸 54，如图 1-58 所示。根据类似的操作完成 R15 圆弧的绘制。

（8）最后点击 📐剪裁实体，将多余的边剪掉。完成绘图，将文件保存。

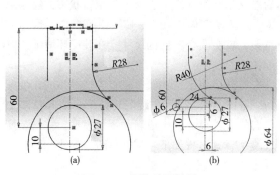

图 1-57 吊钩绘图步骤

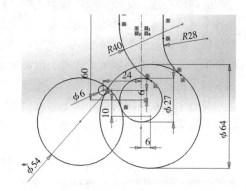

图 1-58 吊钩绘图步骤

项目 2　Solidworks 三维建模技术

Solidworks 软件有零件、装配体、工程图三个主要模块，和其他三维 CAD 一样，都是利用三维的设计方法，来建立三维模型。新产品在研制开发的过程中，需要经历三个阶段，即方案设计阶段、详细设计阶段、工程设计阶段。

根据产品研制开发的三个阶段，Solidworks 软件提供了两种建模技术，一个是基于设计过程的建模技术，就是自顶向下建模；另一个是根据实际应用情况，一般三维 CAD 开始于详细设计阶段的，其建模技术就是自底向上建模。

2.1　自顶向下建模

自顶向下建模是符合一般设计思路的建模技术，在网络技术日益发展的今天，这种建模方式逐渐趋于成熟。它是在装配环境下进行零件设计的，可以利用"转换实体引用"工具按钮 $\square$，将已经生成的零件的边、环、面、外部草图曲线、外部草图轮廓、一组边线或者一组外部草图曲线等投影到草图基准面中，在草图上生成一个或者多个实体，这样可以避免单独进行零件设计可能造成的尺寸等各方面的冲突。

根据产品研制开发的三个阶段，Solidworks 软件提供了两种建模技术。一个是基于设计过程的建模技术，这是一个比较彻底的自顶向下的建模方法，首先在装配环境下绘制一个描述各个零件轮廓和位置关系的装配草图，然后在这个装配环境下进入零件编辑状态，绘制草图轮廓，草图轮廓要同装配草图尺寸一致，利用"转换实体引用"工具按钮 $\square$ 操作，这样零件草图同装配草图形成父子关系，改变装配草图，就会改变零件的尺寸，在装配环境下，其过程如下：装配草图→零件草图→零件→装配体。

另一个比较实用的自顶向下的建模方式，在实际应用中也比较多，首先选择一些在装配体中关联关系少的零件，建立零件草图，生成零件模型，然后在装配环境下，插入这些零件，并设置它们之间的装配关系，参照这些已有的零件尺寸，生成新的零件模型，完成装配体。这样也可以避免零件间的冲突。在装配环境下，其过程如下：零件草图→零件(部分)→装配(部分)→生成新零件草图→生成新零件→装配(完整)。

2.2　自底向上建模

自顶向下建模虽然符合一般设计思路，但是在目前环境下，实现这种建模方式还不很理想。方案设计阶段主要是由工程技术人员根据经验来进行设计的，目前的三维 CAD 软件一般都是在详细设计阶段介入的，Solidworks 常用在以零件为基础进行建模的，这就是自底向上建模技术，也就是先建立零件，再装配。Solidworks 的参数化功能，可以根据情况随时改变零件的尺寸，而且其零件、装配体和工程图之间相互关联，可以在其中任何一个模块进行尺寸的修改，所有对应模块的尺寸都改变，这样可以大大地减少设计人员的工作量。在建立零件模型后，可以在装配环境下直接装配，生成装配体；然后单击"干涉检查"按钮，进行检查，若有干涉，可以直接在装配环境下编辑零件，完成设计。

自底向上建模技术的过程如下：零件草图→零件→装配体。这两种建模技术，将在后面的项目实训中进行实际操作的介绍。

2.3　项目实训

Solidworks 的零件建模过程，实际就是构建许多个简单的特征，它们之间相互叠加、切割或者相交的过程。根据特征的创建，一个零件的建模过程可以分成如下几个步骤来完成。

(1)进入零件的创建界面。

(2)分析零件，确定零件的创建顺序。

(3)画出零件草图，创建和修改零件的基本特征。

(4)创建和修改零件的其他辅助特征。

(5)完成零件所有的特征，保存零件的造型。

下面通过几种不同类型的零件建模实训，来掌握应用 Solidworks 完成三维建模的方法。

实训任务一　烟灰缸零件的建模过程

(1)启动 Solidworks，选择"文件"→"新建"→"零件"命令，确定进入绘图环境，单击🖫将零件存盘为"烟灰缸.SLDPRT"。

(2)在屏幕左边设计树中选择上视基准面，单击标准视图工具栏中的⬆。单击"草图绘制"按钮⬃，进入草图绘制方式，选择下拉菜单"工具"→"草图绘制实体"→"矩形"命令，或从草图工具条中单击▢图标，绘制草图，主要起点在原点；然后选择下拉菜单"工具"→"草图绘制实体"→"中心线"命令，或从草图工具条中单击┆图标，画出中心对称线，同时选择下拉菜单"工具"→"草图绘制实体"→"点"命令，或从草图工具条中单击⁂图标，在中心线的交点处绘制一个点(为后面的基准轴做准备)。选择下拉菜单"工具"→"标注尺寸"→"智能尺寸"命令，或从草图工具条中单击◇图标，标注尺寸如图 2-1 所示。

(3)选择"插入"→"凸台/基体"→"拉伸"命令，或单击特征工具栏中"拉伸"按钮▣，参数设置如图 2-2 所示，单击按钮✅。

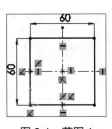

图 2-1　草图 1

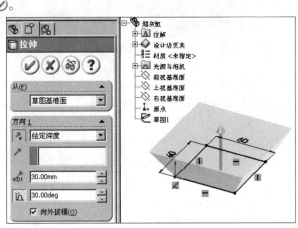

图 2-2　拉伸特征

（4）单击模型的上表面，选择"插入"→"特征"→"抽壳"命令，或单击特征工具栏中"抽壳"按钮，选择情况如图 2-3 所示，单击按钮。

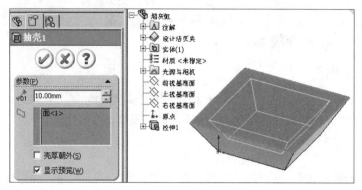

图 2-3　抽壳特征

（5）选择"插入"→"特征"→"圆角"命令，或单击特征工具栏中"圆角"按钮，选择模型所有的边线，如图 2-4 所示，选择"等半径"选项，"圆角项目"中半径输入"5"，单击按钮。

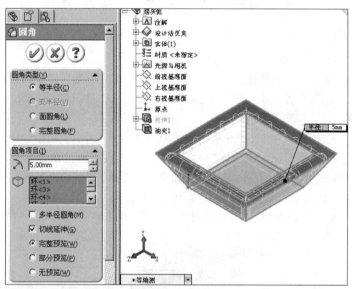

图 2-4　圆角特征

（6）在屏幕左边设计树中选择前视基准面，单击标准视图工具栏中的。单击"草图绘制"按钮，进入草图绘制方式，选择下拉菜单"工具"→"草图绘制实体"→"中心线"命令，或从草图工具条中单击图标，绘制中心线，选择下拉菜单"工具"→"草图绘制实体"→"圆"命令，或从草图工具条中单击图标，绘制草图；选择下拉菜单"工具"→"标注尺寸"→"智能尺寸"命令，或从草图工具条中单击图标，标注尺寸如图 2-5 所示。

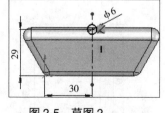

图 2-5　草图 2

（7）选择"插入"→"切除"→"拉伸"命令，或单击特征工具栏中"拉伸切除"按钮圙，参数设置如图 2-6 所示，单击按钮✅。

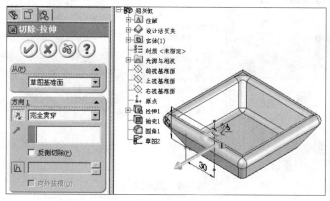

图 2-6　拉伸切除特征

（8）此时看到拉伸切除的半径比较小，需要增大半径，在设计树区域单击"拉伸切除 1"前面的加号，出现"草图 2"，右击选择快捷菜单的"编辑草图"选项，在图形区双击尺寸"φ6"，将"φ6"改为"φ8"，然后单击工具按钮圙，图形自动改变。

（9）在设计树区域单击"拉伸 1"前面的加号，出现"草图 1"，右击选择快捷菜单的"显示"。选择下拉菜单"插入"→"参考几何体"→"基准轴"命令，或单击参考几何体工具栏中"基准轴"按钮✎，在属性管理器里面选择"点和面/基准面"，上面的参考实体里面选择草图 1 的中心点和上视基准面，如图 2-7 所示，单击按钮✅。

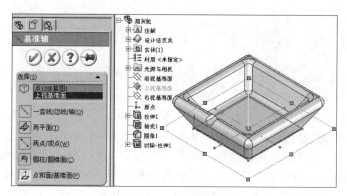

图 2-7　基准轴

（10）选择下拉菜单"插入"→"阵列/镜向"→"圆周阵列"命令，或单击特征工具栏中"圆周阵列"按钮✿，在属性管理器中"阵列轴"选择"基准轴 1"，"角度"输入"360"，"实例数"输入"4"，勾选"等间距"，"要阵列的特征"选择"切除–拉伸 1"，如图 2-8 所示，单击按钮✅。

（11）右键分别单击设计树中的"草图 1"、图形区的基准轴 1 和原点，在弹出的快捷菜单中选择"隐藏"选项，然后选择下拉菜单"视图"→"显示"→"上色"命令，则出现图 2-9（a）所示图形；同样选择下拉菜单选择"编辑"→"外观"→"颜色"命令（"纹理"和"材质"）对各个表面进行设置，可以选择一个或者多个表面进行设置，可以得到各种不同的图案，这里设置一个如图 2-9（b）所示图形。

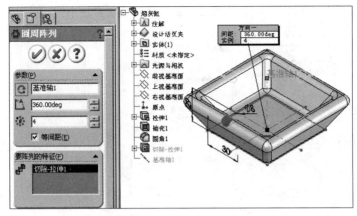

图 2-8 圆周阵列

（a）   （b）

图 2-9 上色和外观的修饰

实训任务二 阀体零件的建模过程

（1）启动 Solidworks，选择"文件"→"新建"→"零件"命令，确定进入绘图环境，单击 ![保存] 将零件存盘为"阀体 . SLDPRT"。

（2）首先绘制如图 2-10 所示的图形。

（3）在屏幕左边设计树中选择上视基准面，单击标准视图工具栏中的 ![图标]。单击"草图绘制"按钮 ![图标]，进入草图绘制方式，选择下拉菜单"工具"→"草图绘制实体"→"矩形"命令，或从草图工具条中单击 □ 图标，绘制草图；然后选择下拉菜单"工具"→"草图绘制实体"→"中心线"命令，或从草图工具条中单击 ![图标] 图标，画出中心对称线，注意确定原点的位置；选择下拉菜单"工具"→"草图绘制实体"→"圆"命令，或从草图工具条中单击 ⊙ 图标，在矩形的一个角处绘制一个圆；选择下拉菜单"工具"→"草图绘制工具"→"镜向"，或从草图工具条中单击 ![图标] 图标，出现如图 2-11（a）所示的图形，在"要镜向的实体"框里面选择圆弧 1，在"镜向点"框里面选择直线 6，单击按钮 ![图标]；继续做镜向，这次选择两个圆实体，"镜向点"选择垂直的中心线，单击按钮 ![图标]；按住 Ctrl 键，分别单击矩形的上下两条边线和水平中心线，出现属性管理器，在添加几何关系里面单击"对称"，如图 2-11（b）所示单击按钮 ![图标] 后，继续按住 Ctrl 键，选择矩形两条竖线和左边中心线，做对称；选择下拉菜单"工具"→"草图绘制工具"→"圆角"命令，或从草图工具条中单击 ![图标] 图标，在属性管理器中，输入半径"5.00"，如图 2-11（c）所示，然后分别单击矩形的角的两条边线，做出圆角；选择下拉菜单"工具"→"标注尺寸"→"智能尺寸"命令，或从草图工具条中单击 ![图标] 图标，标注尺寸如图 2-10 所示。

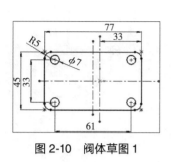

图 2-10　阀体草图 1

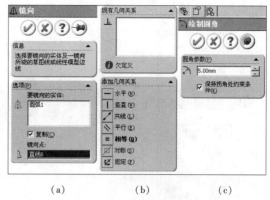

(a)　　　　(b)　　　　(c)

图 **2-11**　属性管理器

（4）选择"插入"→"凸台/基体"→"拉伸"命令，或单击特征工具栏中"拉伸"按钮，参数设置如图 2-12 所示，单击按钮，这样就可以得到底板。

（5）选择零件的上表面，单击"草图绘制"按钮，在控制区单击上视基准面，然后单击"正视于"按钮，选择下拉菜单"工具"→"草图绘制实体"→"圆"命令，或从草图工具条中单击图标，选择原点作为圆心，绘制圆，选择下拉菜单"工具"→"标注尺寸"→"智能尺寸"命令，或从草图工具条中单击图标，标注尺寸如图 2-13 所示。

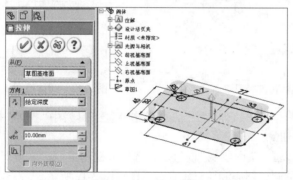

图 2-12　阀体拉伸特征 1

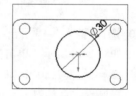

图 2-13　阀体草图 2

（6）选择"插入"→"凸台/基体"→"拉伸"命令，或单击特征工具栏中"拉伸"按钮，参数设置如图 2-14 所示，单击按钮。

（7）选择右视基准面，先单击"正视于"按钮，再单击"草图绘制"按钮，绘制草图 3，如图 2-15 所示。

（8）选择"插入"→"凸台/基体"→"拉伸"命令，或单击特征工具栏中"拉伸"按钮，参数设置如图 2-16 所示，注意先单击给定深度前面的按钮，确定拉伸的方向，最后单击按钮。

（9）选择刚才拉伸的圆柱左上表面，单击"草图绘制"按钮，选择右视基准面，单击"正视于"按钮，绘制草图如图 2-17 所示，单击控制区的拉伸 3 前面的加号，出现草图 3，右击，在快捷菜单中选择"显示"选项，过圆心做垂直的中心线，然后做圆和圆弧，可以利用镜向来做，标注尺寸，做直线，然后利用添加几何关系按钮，将直线和圆弧相切；选择"工具"→"草图绘制工具"→"剪裁"命令，或单击草图绘制工具栏中"剪裁实体"按钮，将多余的线段删除，即可得到图 2-17 所示的草图 4。

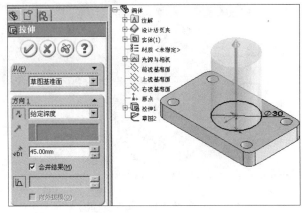

图 2-14　阀体拉伸特征 2

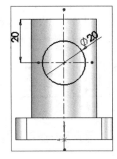

图 2-15　阀体草图 3

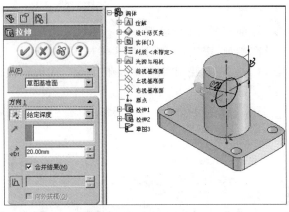

图 2-16　阀体拉伸特征 3

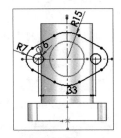

图 2-17　阀体草图 4

（10）选择"插入"→"凸台/基体"→"拉伸"命令，或单击特征工具栏中"拉伸"按钮 ，参数设置如图 2-18 所示，单击按钮 。

（11）选择竖立圆柱上表面，单击"草图绘制"按钮 ，选择上视基准面，单击"正视于"按钮 ，绘制一个直径为 12mm 的圆，圆心和原点重合，草图如图 2-19 所示。

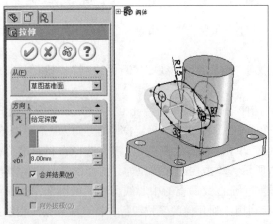

图 2-18　阀体拉伸特征 4

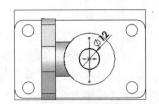

图 2-19　阀体草图 5

（12）选择"插入"→"切除"→"拉伸"命令，或单击特征工具栏中"拉伸切除"按钮 ，参数设置如图 2-20 所示，单击按钮 。

（13）选择底板的下表面，单击"草图绘制"按钮 ，选择上视基准面，单击"正视于"按钮 ，绘制一个直径为 20mm 的圆，圆心和原点重合，草图如图 2-21 所示。

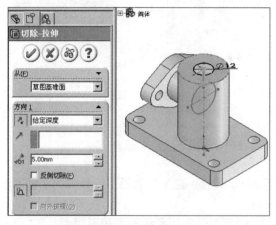

图 2-20 阀体拉伸切除特征 1

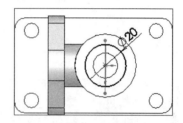

图 2-21 阀体草图 6

（14）选择"插入"→"切除"→"拉伸"命令，或单击特征工具栏中"拉伸切除"按钮 ，参数设置如图 2-22 所示，单击按钮 。

（15）选择阀体左边拉伸 4 的左表面，单击"草图绘制"按钮 ，选择右视基准面，单击"正视于"按钮 ，绘制一个直径为 10mm 的圆，圆心和草图 3 圆心重合，草图如图 2-23 所示。

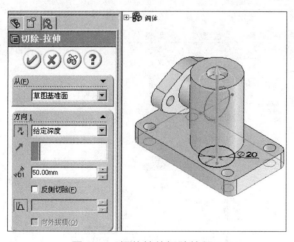

图 2-22 阀体拉伸切除特征 2

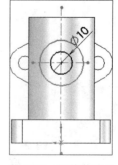

图 2-23 阀体草图 7

（16）选择"插入"→"切除"→"拉伸"命令，或单击特征工具栏中"拉伸切除"按钮 ，参数设置如图 2-24 所示，"终止条件"选择：成形到一面，"面/平面"选择：拉伸切除 2 的曲面，然后单击按钮 ，即可得到图 2-25 所示的图形。

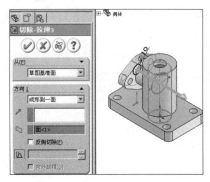

图 2-24 阀体拉伸切除特征 3

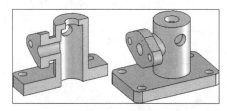

图 2-25 阀体

实训任务三 轴承座建模

本实训任务是完成如图 2-26 所示轴承座零件的建模，进一步熟悉工具栏的使用和基于特征的建模过程。其操作过程如下：

（1）打开 Solidworks 界面后，单击"文件"→"新建"命令或者单击按钮，出现"新建 Solidworks 文件"对话框，选择"零件"命令后单击"确定"按钮，出现一个新建文件的界面，首先单击"保存"按钮，将这个文件保存为"底座"。

（2）在控制区单击"前视基准面"，然后在草图绘制工具栏单击按钮，出现如图 2-27 所示的草图绘制界面；在图形区单击鼠标右键，取消选中快捷菜单的"显示网格线"复选框，在图形区就没有网格线了。在作图的过程中，由于实行参数化，一般不应用网格，所以在以后的作图中，都去掉网格。

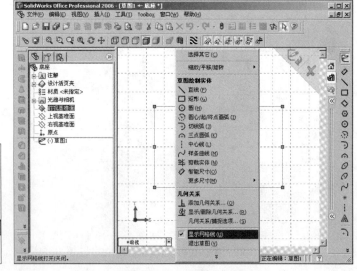

图 2-26 零件的造型

图 2-27 草图绘制界面

（3）单击绘制"中心线"按钮，在图形区过原点绘制一条中心线，然后单击"直线"按钮，在图形区绘制如图 2-28 所示的图形，需要注意各条图线之间的几何关系。不需要具体确定尺寸，只需确定其形状即可，实际大小是在参数化的尺寸标注中确定的。

┗┛ 提示：在图 2-28 所示草图中，┃表示"竖直"的意思；━表示"水平"的意思；◢表示"重合"的意思，例如图中下面显示的两个◢₂符号，表示左边的◢₂上面的直线和原点重合，也就是两条直线在一条直线上。最后按住 Ctrl 键单击选择圆弧的圆心和圆弧的起点，在属性管理器中"添加尺寸关系"中选择水平；同样选择圆弧的圆心和圆弧的终点，在属性管理器中"添加尺寸关系"中选择垂直。如果不要显示这些几何关系，则可以单击视图工具栏的按钮┷，使其浮起，需要显示，就使其凹下。画图中右上角的圆弧是在画完一段直线时，将鼠标靠近刚才确定的直线的终点，这时鼠标的标记后面由原来的直线图案变成一对同心圆的图案，或者单击鼠标右键，在弹出的快捷菜单中选择转到圆弧，这时就可以画圆弧了，如图 2-29 所示。

图 2-28 绘制草图

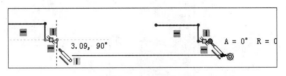

图 2-29 画圆弧

（4）单击工具栏"智能尺寸"按钮◇，标注尺寸。标注一条直线的长度，就单击这条直线，就会自动标注尺寸了，若此时的尺寸不是所要求的尺寸，用鼠标确定尺寸的位置，单击鼠标左键，就会出现"修改"对话框［如图 2-30(a) 所示］，在对话框中输入实际尺寸大小，单击按钮✓或者按回车键即可；标注圆或者圆弧的尺寸是一样的。如果标注图 2-30(b) 所示的尺寸，用鼠标单击一条直线和中心线，然后将鼠标拉到中心线的另一边，就可以出现对边距的标注，图(b) 中的尺寸 10mm、40mm、80mm 就是这样标注的。标注结束后，图形如图 2-31 所示。

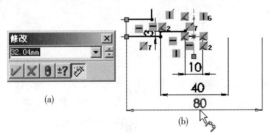

图 2-30 尺寸标注

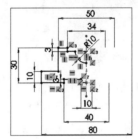

图 2-31 零件的尺寸

（5）单击工具栏的"镜向实体"按钮△，则在控制区显示"属性管理器"，如图2-32所示，在选项中的"要镜向的实体"选择图形左面直线和圆弧共 12 个，"镜向点"选择中心线，然后单击按钮✓，图形变成图 2-33 所示的图形。

（6）单击特征工具栏的"拉伸凸台、基体"按钮🗗后，控制区和图形区变成图 2-34 所示，在"属性管理器"中的"从(F)"的"开始条件"选择"草图基准面"选项，"方向 1"中的"终止条件"选择"两侧对称"选项，"深度"栏输入"40mm"后，单击按钮✓，即可出现图 2-35 所示图形。

图 2-32　属性管理器的选项

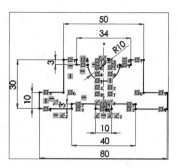

图 2-33　零件草图 1

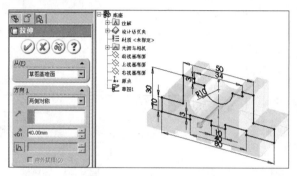

图 2-34　拉伸图形

（7）继续单击"前视基准面"，在草图绘制工具栏单击 按钮，然后单击"正视于"按钮 ，出现图 2-36（a）所示的图形，然后用"圆心/起点/终点画弧"按钮 画圆弧，再执行"直线" 命令，单击"智能尺寸" 按钮标注尺寸，即可画出如图 2-36（b）所示的图形。

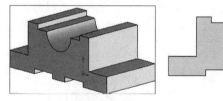

图 2-35　拉伸后实体

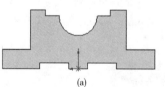

(a)　　　　　　　　　　　(b)

图 2-36　零件草图 2

（8）单击特征工具栏的"拉伸切除"按钮 ，图形区和控制区变成图 2-37（a）所示，在"属性管理器"中的"从（F）"的"开始条件"选择"草图基准面"选项，"方向 1"中的"终止条件"选择"两侧对称"选项，"深度"栏输入"24.00mm"后，单击按钮 ，即可出现图 2-37（b）所示图形。

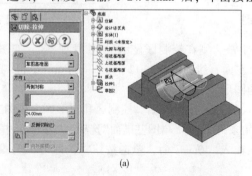

(a)

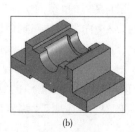

(b)

图 2-37　拉伸切除过程

(9)单击实体底板的下底面,使其选定,单击草图绘制工具栏的按钮,单击控制区的"上视基准面"后,单击"正视于"按钮,开始画草图。单击"中心线"按钮,先画出图形的两条对称中心线和一条圆弧的中心线,如图 2-38(a)所示;在左边中心线的交点处,单击"圆"绘制命令按钮,单击"智能尺寸"按钮标注尺寸,如图 2-38(b)所示;单击"镜向实体"按钮,选择圆和短的中心线为"要镜向的实体","镜向点"选择中间垂直的中心线,勾选"复制",单击按钮,则可以作出草图 3,如图 2-38(c)所示。

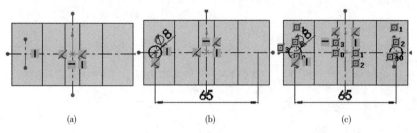

(a)　　　　　　　　(b)　　　　　　　　(c)

图 2-38 零件草图 3

(10)单击特征工具栏的"拉伸切除"按钮,在"属性管理器"中的"从(F)"的"开始条件"选择"草图基准面"选项,"方向 1"中的"终止条件"选择"完全贯穿"选项,单击按钮,即可出现图 2-39 所示图形。

(11)选择实体的最顶面,使其选定,单击"草图绘制"工具栏的按钮,单击控制区的"上视基准面"后,单击"正视于"按钮,开始画草图。单击"中心线"按钮,先画出图形的两条对称中心线和一个圆的对称中心线;单击"智能尺寸"按钮标注尺寸,如图 2-40(a)所示;单击"镜向实体"按钮,同上一样做两次镜向实体,则可以作出草图 4,如图 2-40(b)所示。

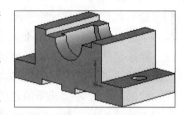

图 2-39 两边穿孔后的实体

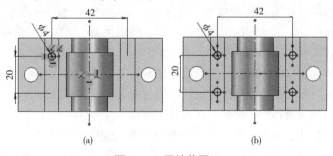

(a)　　　　　　　　(b)

图 2-40 零件草图 4

(12)单击特征工具栏的"拉伸切除"按钮,在"属性管理器"中的"从(F)"的"开始条件"选择"草图基准面","方向 1"中的"终止条件"选择"给定深度","深度"栏输入"12.00mm"后,单击按钮,即可完成穿孔后的实体;右击原点,在弹出的快捷菜单中选择"隐藏"选项或者单击视图工具栏的"观阅原点"按钮,使其凸起,出现图 2-26 所示图形,就完成轴承座实体的造型了。

项目3 三维设计基本特征造型技术

通过本项目的学习和上机练习，掌握特征绘制基本方法，掌握复杂零件的绘制技巧。

3.1 基本特征造型技术

1. 拉伸凸台、拉伸切除

拉伸凸台与拉伸切除是两种功能相反的操作，前者是增加材料，后者是去除材料，两者的参数与属性对话框完全一致（下面的特征操作与之类似，仅说明凸台与切除中的一种）。起始条件有四种：草图基准面、曲面/面/基准面、顶点、等距，分别指定了拉伸的起始位置。默认是从草图基准面开始拉伸；选择曲面/面/基准面后，下拉框中会出现一个选择曲面的编辑框，点选该编辑框使其高亮显示，在三维绘图空间选择指定的平面或基准面，作为特征拉伸的起始位置；选择顶点后，同样出现一个编辑框，点选该编辑框，选择顶点作为拉伸的起点；等距，就是指定起始拉伸的位置距离草图平面的距离。

终止条件有8种：给定深度、完全贯穿、成形到下一面、成形到一顶点、成形到一面、到指定面指定距离、成形到实体、两侧对称。给定深度，需要输入拉伸的高度；完全贯穿，根据草图增加材料或者去除材料，高度值与零件在草图方向的跨度一致；成形到下一面，在拉伸方向上，自动成型到下一个实体平面；选择成形到一顶点，出现一个编辑框，点选该编辑框，选择实体中一点作为拉伸的终点；选择成形到一面，出现一个编辑框，点选该编辑框，选择三维实体中的一个平面作为拉伸的终点；到指定面指定距离，出现一个编辑框，点选该编辑框，选择一平面，并输入距离，表示距离该选定平面的指定距离，作为拉伸的终止条件；成形到实体，在拉伸方向上，自动成型到下一个实体平面；两侧对称，指定拉伸的距离，从开始位置向两个相反的方向拉伸，拉伸的长度为指定距离的一半。拔模，可以输入拔模角度，分为向外拔模和向内拔模。点击反向按钮，可以向相反的方向拉伸。如果需要向两个相反的方向拉伸，需要点选方向2前的复选框。方向1、方向2的终止条件、拔模设置完全一致。点击"所选轮廓"编辑框，可以指定拉伸凸台的轮廓。拉伸操作的界面如图3-1(a)所示。

2. 旋转凸台、旋转切除

旋转轴：点选旋转轴编辑框，在草图上选择一条直线作为旋转操作的轴线。方向1、方向2分别设置两个旋转方向的参数，设置方法基本类似。旋转类型分为：给定深度、成形到一顶点、成形到一面、到指定面指定距离、成形到实体、两侧对称。与拉伸的含义基本一致。点击"反向"按钮，则会向相反的方向旋转。

3. 扫描、扫描切除

首先在前视基准面上，建立草图1，绘制圆 $\phi100$，圆心位于原点上。点击确认按钮，退出草图。在上视基准面上，建立草图 2，任意绘制一个圆，添加尺寸直径 10mm，按下 Ctrl 键，选择 ϕ10 圆的圆心与 ϕ100 的圆，添加穿透几何约束。然后单击确认按钮 ，退出草图 2。点击特征工具栏下的"扫描"按钮，弹出如图 3-1(c) 所示的按钮，选中轮廓对应的编辑框，选择草图 2。然后选中路径对应的编辑框，选择草图 1。最后一个参数是薄壁特征，勾选前面的复选框，可以设置薄壁参数。最后点击确定按钮 。

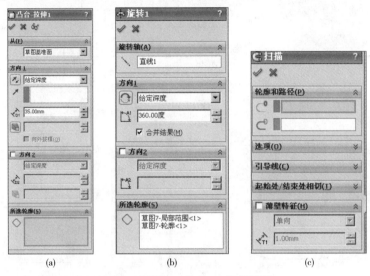

图 3-1　拉伸、旋转、扫描造型

4. 放样凸台、放样切除

以图 3-2(a) 所示的"花瓶"放样为例，下面详细介绍放样凸台、放样切除的操作方法。

(1)在上视基准面上，建立草图 1，以原点为圆心绘制一个圆，半径为 50。然后点击 退出草图。

(2)选择菜单"插入"→"参考几何体"→"基准面"，打开建立基准面的对话框，如图 3-2(b) 所示。"第一参考"选择上视基准面，点击距离图标 ，输入"30"，然后点击 ，从而建立基准面 1，该基准面平行于上视基准面且距离上视基准面 30mm。在基准面 1 上建立草图 2，绘制矩形，该矩形以原点为中心，长为 150，宽为 90。然后点击 退出草图。

(3)按照(2)的步骤建立基准面 2，该基准面与基准面 1 平行，与基准面 1 的距离为 50mm，并在基准面 2 上建立草图 3，绘制一个矩形，中心在原点处，长为 50，宽为 45。然后点击 退出草图。

(4)建立基准面 3，要求基准面 3 与基准面 2 平行，与基准面 2 的距离为 80mm。在基准面 3 上建立草图 4，绘制一个圆，圆心和原点重合，直径为 60mm。然后点击 退出草图。

(5)在前视基准面上，建立草图 5，应用样条曲线，分别过草图 1、草图 2、草图 3、草图 4 投影的左端点绘制一条曲线。然后通过原点绘制一条竖直的中心线，对曲线进行关于中心线实体镜像，将其中一条曲线转化为构造线，如图 3-2(c) 所示。然后点击 退出草图。

(6)在前视基准面上，建立草图 6，应用实体转换引用，将草图 5 中的构造线转化到草图 6 中。如图 3-2(d) 所示。点击 退出草图。

(7)点击 放样凸台/基体，弹出如图 3-2(e) 所示的对话框。点选"轮廓"对应的编辑框，依次选择草图 1、草图 2、草图 3、草图 4。点选"引导线"对应的编辑框，选择草图 5、草图 6。然后点击 ，完成放样造型。

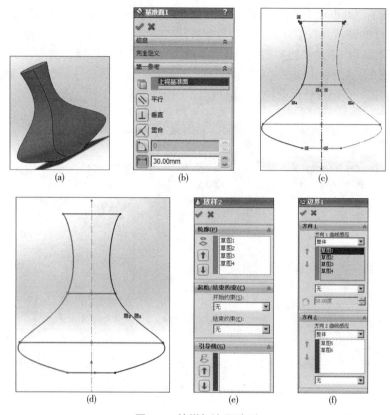

图 3-2　放样与边界造型

5. 边界凸台、边界切除

边界凸台与放样基本类似。以放样中的六个草图为例进行介绍。点击边界凸台，点选方向 1 的编辑框，依次选择草图 1、草图 2、草图 3、草图 4，在方向 2 的编辑框中，选择草图 5、草图 6。然后点击 ✓。

6. 生成基准面

利用基准面绘制草图，创建扫描和放样特征，进行镜向操作等，还可以生成模型的剖面视图。主要有以下几种方式。

（1）通过直线和点：过指定边线、轴或者草图线及一点或者通过指定的 3 点创建一个基准面。

（2）点和平行面：过指定点且平行于某基准面或面创建一个基准面。

（3）两面夹角：过一条边线、轴线或草图线，并与一个面或基准面成一定角度创建一个基准面。

（4）等距：与某指定面或基准面平行，并相距指定距离创建一个基准面。快捷方式：按住 Ctrl 键同时拖动某基准面，输入距离值即可。

（5）垂直于曲线：过一点且垂直于一条边线或者曲线，创建一个基准面。

（6）曲面切平面：与空间面或圆形曲面相切于一点创建一个基准面。

7. 生成基准轴

基准轴常用于创建特征的基准，在创建基准面、圆周阵列或同轴装配中使用基准轴。每一个圆柱和圆锥都有一条轴线。临时轴是由模型中的圆锥和圆柱隐含生成的。可以设置默认为隐藏或显示所有临时轴。主要有以下几种建立基准轴的方法。

(1)一直线/边线/轴：利用已有的草图直线、空间实体边线或者临时轴生成基准轴。

(2)两平面：使所选两空间平面的交线成为基准轴。

(3)两点/顶点：将两个空间点(包括顶点、中点或者草图点)的连线作为基准轴。

(4)圆柱/圆锥面：将圆柱或圆锥面的临时轴线作为基准轴。

(5)点和面/基准面：通过指定点并与指定面垂直的直线为基准轴。

3.2 典型零件特征造型方法

3.2.1 吊钩三维造型设计

借助上一项目完成的吊钩草图，进行吊钩的三维造型。

(1)首先调整草图线条的位置，使草图位于前视基准面上，并且吊钩的最上面的边界中点位于圆心处(其他位置也可以)，如图 3-3(a)所示。

(2)在上视基准面上，建立草图，以原点为圆心绘制一个圆，直径为 16mm，并拉伸凸台，深度为 20mm，如图 3-3(b)所示。

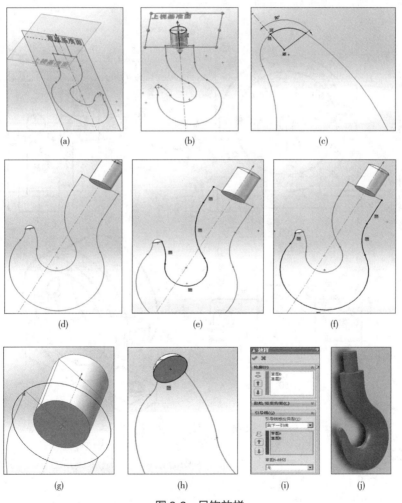

图 3-3 吊钩放样

（3）在前视基准面上新建一个草图，在该草图上，通过转换实体引用绘制 R3 的圆弧，然后用直线连接该圆弧的起止端点。过直线的中点和圆弧的中点绘制一条直线，应用剪裁实体将多余的线条剪除掉，如图 3-3（c）所示，并绘制一条中心线。进行旋转凸台操作，旋转范围为 360°，如图 3-3（d）所示。

（4）在前视基准面上建立草图 4，应用转换实体引用，将吊钩的左边界转换到草图中，然后退出草图。再在前视基准面上建立草图 5，将吊钩的右边界转换到草图中，然后退出草图。

（5）在圆柱体的下底面，建立草图 6，以原点为圆心绘制一个 φ28 的圆，如图 3-3（g）所示。然后退出草图。在半球体底面上建立草图 7，应用转换实体引用，将半球体底面的圆转换到草图上，退出草图，如图 3-3（h）所示。

（6）点击 🔘 放样凸台/基体。弹出如图 3-3（i）的对话框，设置放样操作的属性，其中"轮廓"选择草图 6、草图 7，"引导线"选择草图 4、草图 5。点击确定，完成放样的操作，如图 3-3（j）所示。

3.2.2　泵体三维造型设计

绘制泵体草图，其基本尺寸如图 3-4 所示。

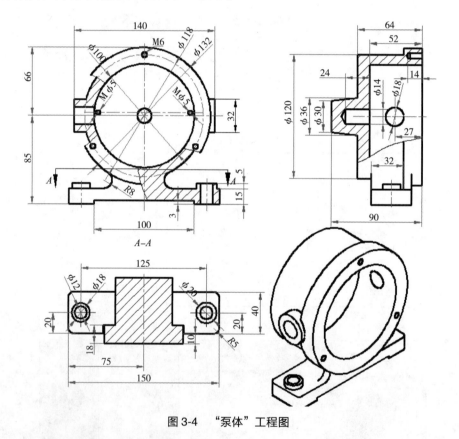

图 3-4　"泵体"工程图

（1）在上视基准面上，建立草图，以原点为中心绘制一个矩形，如图 3-5（a）所示。进行拉伸凸台，深度为 15mm。生成底座。

（2）在底座的下平面上建立草图，绘制一个矩形，尺寸如图 3-5（b）所示。进行拉伸切除，深度为 3mm。

（3）在底座的上平面上建立草图，绘制两个等径的圆，直径为 18，如图 3-5（c）所示。进行拉伸凸台，深度为 5mm。

（4）在刚刚建立的圆柱体的上顶面上建立草图，在两个圆柱体上分别绘制同心圆，直径为 12mm，然后拉伸切除，终止条件选择"完全贯穿"。

（5）插入一个基准面，第一参考选择前视基准面，距离输入"30"。在该基准面上建立草图，在该草图上绘制一个圆，并用智能尺寸添加尺寸约束，如图 3-5（d）所示。进行拉伸凸台，深度为 18mm。

（6）在刚刚建立的圆柱体的前端面上建立草图，绘制一个同心圆，圆的直径为 120mm，进行拉伸凸台，深度为 64mm。

（7）在底座的前端面上建立草图，通过转换实体引用，将上面的圆柱面轮廓和底座的上顶面转换到草图中，然后左右两侧各绘制一个 $\phi16$ 的圆，圆分别与圆弧和直线相切。最后应用剪裁实体，将多余的线条剪除，如图 3-5（e）所示。进行拉伸凸台，深度为 8mm。

（8）在底座的后端面再建立一个草图，应用步骤（7）的方法绘制草图，然后拉伸凸台，深度为 32mm。

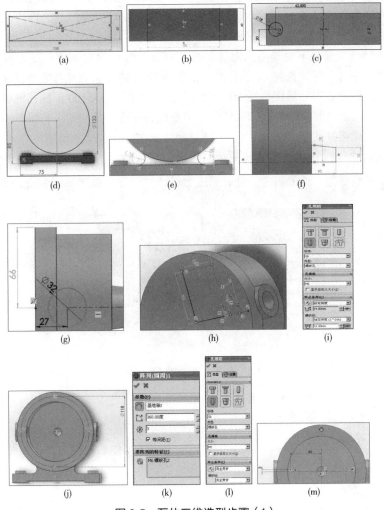

图 3-5　泵体三维造型步骤（1）

（9）在右视基准面上建立草图，首先过中心点绘制中心线，然后绘制一个直角梯形，用智能尺寸添加尺寸约束，如图 3-5(f) 所示。最后旋转凸台。

（10）在右视基准面上建立草图，在竖直的中心位置绘制一个圆，半径为 16mm，如图 3-5(g) 所示，然后拉伸凸台，终止条件选择两侧对称，深度为 140mm。

（11）在刚刚建立圆柱体的其中一个断面上，建立草图，绘制同心圆，圆的直径为 18mm。然后拉伸切除，终止条件选择完全贯穿。

（12）在右视基准面上，建立草图，绘制如图 3-5(h) 所示的草图，然后选择旋转切除。

（13）点击特征工具栏下的异型孔向导，弹出如图 3-5(i) 的对话框，在对话框中螺纹类型中选择直螺纹孔，标准选择 GB，孔的规格选择 M6，终止条件选择给定深度，盲孔深度选择 14mm，螺纹线深度为 12mm。然后点击对话框位置分页卡，点击 3d 草图，在圆柱体的前端面点击，确定螺纹孔的位置。然后以三维轮廓圆的圆心为圆心，绘制一个直径为 118mm 的圆，并将圆弧转化为构造线。最后，按下 Ctrl 键，选择 φ118 和螺纹孔的圆心，添加重合约束。然后选择 φ118 的圆心和螺纹孔的圆心，添加几何约束"竖直"，如图 3-5(j) 所示。

（14）插入基准轴，选择 φ100 的孔，选择"圆柱/圆锥面"，建立基准轴。点击特征工具栏的圆周阵列按钮，弹出图 3-5(k) 所示的对话框，阵列轴选择刚刚建立的基准轴，阵列角度选择 360°，阵列数量输入 3，勾选等角度。要阵列的特征选择步骤(13) 生成的 M16 的孔。点击确定，完成阵列。

（15）点击特征工具栏下的异型孔向导，弹出如图 3-5(l) 的对话框，在对话框中螺纹类型中选择直螺纹孔，标准选择 GB，孔的规格选择 M5，终止条件选择完全贯穿，螺纹线深度为完全贯穿。然后点击对话框位置分页卡，点击 3d 草图，在 φ100 圆柱孔的底面点击确定螺纹孔的位置，然后绘制一条竖直和一条水平中心线，并进行尺寸约束，如图 3-5(m) 所示。点击确定，完成螺纹孔的绘制。

（16）点击特征"圆角"按钮，弹出如图 3-6(a) 所示的对话框，输入圆角半径 5mm。然后选择底座四个竖直边，点击确定。最后完成"泵体"的绘制，效果如图 3-6(b) 所示。

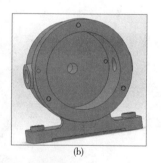

(a)　　　　　　(b)

图 3-6　泵体三维造型步骤（2）

3.3　其他特征造型技术

本节内容旨在强化学生掌握在 Solidworks 环境中特殊零件的造型方法，强化特征造型的学习。

1. 圆角与倒角

点击特征"圆角"按钮，进入圆角特征造型。左侧会弹出圆角的属性对话框，输入圆角的半径。然后直接点选需要加工圆角的棱边，如图 3-7(a)所示。

点击特征"倒角"按钮 ![倒角按钮]，进入倒角特征造型。左侧弹出倒角的属性对话框，可以通过不同的方式输入倒角的参数：角度距离、通过输入倒角的角度和距离确定倒角；距离-距离、通过输入倒角的两个距离确定倒角；顶点、顶点是三个面相交，因此需要指定三个距离。最后直接点选需要加工倒角的棱边，如图 3-7(b)所示。

2. 阵列

阵列分为线型阵列和圆周阵列。点击线型阵列按钮 ![线性阵列按钮]，右侧弹出线型阵列属性对话框，如图 3-7(c)所示，分别在方向 1、方向 2 中选择阵列的方向、阵列的距离、阵列的数列。可以通过反向 ![反向按钮] 按钮，调整阵列的方向。选中要阵列的特征的编辑框，使其高亮显示，然后选择源特征。点击确定，完成阵列。

点击圆周阵列 ![圆周阵列按钮] 按钮，右侧弹出圆周阵列属性对话框，如图 3-7(d)所示。选择阵列轴、阵列角度范围、阵列数量，然后选择要阵列的源特征。点击确定，完成阵列。

图 3-7   圆角、 倒角、 阵列特征造型

3. 筋

在前视基准面上绘制一个草图，绘制"L"型草图，如图 3-8(a)所示。选择拉伸凸台，选择两侧对称。在前视基准面上建立草图，绘制如图 3-8(b)所示的直线。点击特征"筋"按钮，弹出如图 3-8(c)所示的对话框，厚度可以分为第一边 ![第一边按钮]、两侧 ![两侧按钮]、第二边 ![第二边按钮] 三种情况。然后输入筋厚度，拉伸方向分为平行于草图 ![平行按钮]、垂直于草图 ![垂直按钮] 两种情况。也可以进行拔模处理。点击确定，完成筋的特征造型。

4. 拔模

点击"拔模"按钮 ![拔模按钮]，弹出如图 3-8(d)所示的对话框。输入拔模的角度，选择中性面以及需要拔模的面，即可完成拔模。对于需要拔模的面，处于中性面上的部分是不变的，沿着中性面的法向矢量倾斜，倾斜角度为拔模角度。

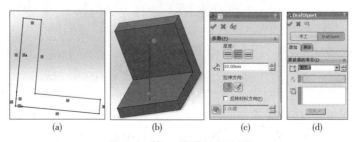

图 3-8   筋、 拔模特征造型

5. 抽壳

点击抽壳按钮 抽壳，弹出图 3-9(a)所示的对话框。输入壳体的厚度，选择移除的平面对应的编辑框，然后通过鼠标选择一个平面。这样抽壳时该平面被移除，其他的面被保留，实体内部被抽空。

6. 包覆

在实体某一平面上建立草图，然后任意绘制一条曲线，将该曲线转化为构造线，应用草图文字 A，在曲线上绘制一些文字，如图 3-9(b)。点击包覆按钮 包覆，弹出如图 3-9(c)所示的对话框。包覆有三种类型：浮雕，通过增加材料的方式，将文字显示在零件表面；蚀雕，通过取出材料的方式，将文字显示在零件表面；刻划，通过在零件表面刻划的方式，将文字显示在零件上。编辑框"包覆草图的面"中选择需要装饰文字的平面。源草图是编辑文字的草图。

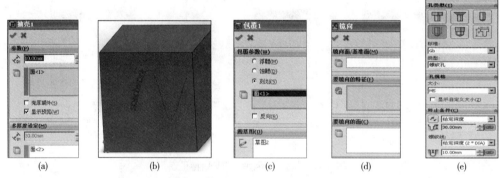

(a)   (b)   (c)   (d)   (e)

图3-9   抽壳、包覆、镜向、异型孔向导特征造型

7. 镜向

点击 镜向 按钮，弹出如图 3-9(d)所示的对话框，编辑框"镜向面/基准面"中选择对称中心面。编辑框"要镜向的特征"中选择要镜向的特征。也可以镜向曲面、实体。

8. 异型孔向导

点击 异型孔向导 按钮，弹出如图 3-9(e)所示的对话框，有两个分页卡：类型和位置。在类型分页卡中确定孔的类型、规格、终止条件等。在位置分页卡中确定异型孔在三维实体中的位置。

3.4   项目实训

实训任务一   螺栓造型

(1)首先在前视基准面上，建立草图，绘制一个正六边形，如图 3-10(a)所示，拉伸凸台，深度为 35mm。

(2)在六棱柱的其中一个底面上建立草图，在正六边形的中心处绘制一个 $\phi50$ 的圆，然后拉伸凸台，深度值为 150mm。

(3)在圆柱体的底面上建立草图，通过转化实体引用，将圆柱面的投影转换到草图中，点击"插入"菜单→曲线→螺旋线。设置螺旋线的参数：螺距为 5mm，圈数为 20。点击确定，

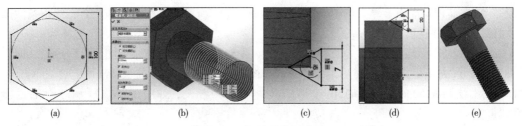

图 3-10　螺栓的绘制步骤

完成螺旋线的编辑，如图 3-10(b)所示。

(4)在上视基准面建立草图，绘制一个等边三角形，按着 Ctrl 键，选择三角形的中心和螺旋线，添加"穿透"几何关系，并添加尺寸和竖直约束关系，如图 3-10(c)所示。退出草图。

(5)点击扫描切除按钮█，轮廓选择三角形，路径选择螺旋线。点击确定。

(6)在右视基准面上建立草图，绘制一个等边三角形，如图 3-10(d)所示，添加尺寸与几何约束。然后过原点，绘制中心线。进行旋转切除，完成螺栓的绘制，效果如图 3-10(e)所示。

实训任务二　拨叉造型

拨叉的工程图如图 3-11 所示，根据该工程图完成其三维造型设计。

(1)在前视基准面上建立草图 1，以原点为圆心，绘制两个同心圆，直径分别为 80mm、40mm，并绘制开槽，如图 3-12(a)所示。拉伸凸台，方向 1 的深度为 22mm，方向 2 的深度为 98mm。

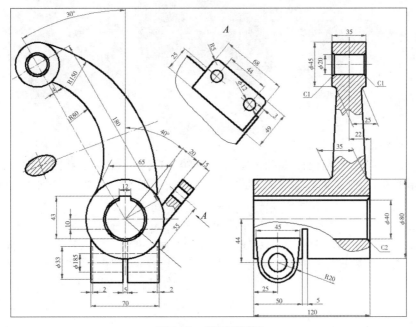

图 3-11　拨叉工程图

（2）在前视基准面上建立草图 2，绘制如图 3-12（b）所示的草图。拉伸凸台，终止条件选择两侧对称，深度值为 35mm。

（3）在前视基准面上建立草图 3，在草图 3 上绘制 $R80$ 的圆弧，起止端点分别在 $\phi45$、$\phi80$ 的圆上（并不是相切），然后退出草图，如图 3-12（c）所示。在前视基准面上建立草图 4，在草图上绘制 $R150$ 的圆弧，$R150$ 与 $\phi45$ 相切、与 $\phi80$ 相交，如图 3-12（d）所示，然后退出草图。

（4）插入基准面 1，与前视基准面垂直，与 $R80$ 下端点、$R150$ 下端点均重合，如图 3-12（e）所示。在基准面 1 上建立草图 5，在草图 5 上绘制一个椭圆，中心位于原点上，长轴两个端点分别与 $R80$ 下端点、$R150$ 下端点重合，短轴 35，如图 3-12（f）所示，退出草图。

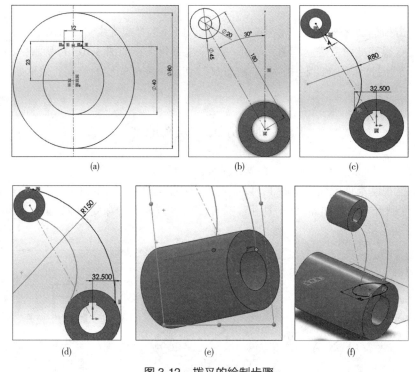

图 3-12 拨叉的绘制步骤

（5）插入基准面 2，与前视基准面垂直，与 $R80$ 上端点、$R150$ 上端点均重合。在基准面 2 上建立草图 6，绘制一个椭圆，要求椭圆的长轴两个端点分别和 $R80$ 上端点、$R150$ 上端点重合，短轴长度为 25mm，如图 3-13（a）所示。退出草图。

（6）进行放样凸台操作。轮廓选择草图 5、草图 6，引导线选择草图 3、草图 4。

（7）插入一个基准轴 1，选择 $\phi80$ 的圆柱轴线作为基准轴。插入基准面 3，要求与基准轴 1 重合，与右视基准面的夹角为 40°。在基准面 3 上建立草图，如图 3-13（b）所示，首先绘制一条水平的中心线，然后在该水平线上绘制 $\phi80$ 的圆，并将 $\phi80$ 的圆转换为构造线，然后绘制一条竖直的中心线，与 $\phi80$ 距离为 35mm，竖直中心线与 $\phi80$ 相交，交点记为 J。绘制一个矩形，矩形最上面的边到交点的距离为 49mm，然后添加矩形的其他尺寸约束。绘制两个 $\phi12$ 的圆，它们的距离为 40mm，两个圆距离水平中心线的距离为 55mm。最后绘制

*R*5 的圆角。拉伸凸台，开始条件选择等距，距离输入 20mm；终止条件选择给定深度，深度值为 15mm。

（8）在右视基准面上建立草图，如图 3-13(c)所示，首先过原点绘制一条水平中心线，再绘制 φ80 的圆，要求 φ80 的圆心位于水平中心线上，将 φ80 圆转化为构造线，然后绘制一条竖直的中心线，与 φ80 的距离为 35mm，竖直中心线与 φ80 的交点记为 U。绘制一条水平线，长度为 45，添加几何约束，使交点 U 与该水平线共线。然后绘制其他线条，并完成几何与尺寸约束。然后拉伸凸台，终止条件为两侧对称，深度为 70mm。

（9）选择步骤(8)生成的实体的底面，建立草图，绘制 φ33 的圆，如图 3-13(d)所示，进行拉伸切除，深度值为 1mm。在生成沉孔的底面上建立草图，绘制 φ18.5 的圆，如图 3-13(e)所示，进行拉伸切除，选择完全贯穿。最后根据类似的步骤，在步骤(8)生成实体的另一个底面上拉伸切除沉孔。

（10）在 φ80 套筒的底面建立草图，如图 3-13(f)所示。首先过原点做一条竖直中心线，然后绘制一个矩形，两竖直边的距离为 5mm 且关于竖直中心线对称。进行拉伸切除，深度为 50mm。

（11）插入基准面，要求该基准面和上视基准面的距离为 10mm。在该基准面上建立草图。绘制一个矩形，并添加如图 3-13(g)所示的尺寸约束。进行拉伸切除。终止条件为完全贯穿。最后完成 C1、C2 的倒角。最终的三维造型如图 3-14 所示。

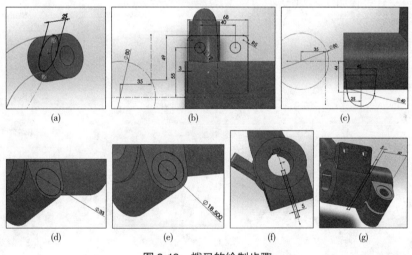

(a)   (b)   (c)

(d)   (e)   (f)   (g)

图 3-13   拨叉的绘制步骤

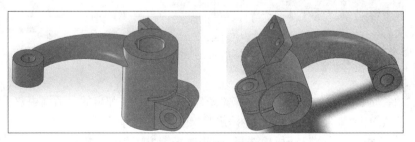

图 3-14   拨叉的三维造型

项目4 典型农业机械零部件三维设计方法

农业机械零部件种类繁多，结构复杂，钣金件、焊接件、注塑件多，零部件的造型方法灵活多样，下面结合典型农机零部件的三维设计过程，介绍其三维设计方法。

4.1 旋耕刀三维设计方法

本实例介绍的是如图4-1所示的卧式旋耕机弯刀的三维设计方法，其弯刀由正切部和侧切部构成，按正切部的弯折方向，可分为左弯和右弯两种。弯刀由较为锐利的正切刃和侧切刃，刃口为曲线，有较好的滑切性能。

其三维设计过程如图4-2所示。

(a)拉伸

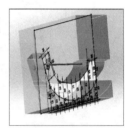
(b)拉伸切除

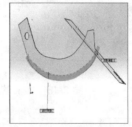
(c)扫描切除

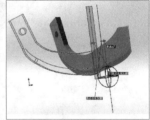
(d)弯曲

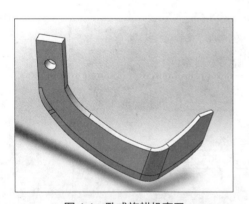

图4-1 卧式旋耕机弯刀

图4-2 卧式旋耕机弯刀三维设计过程

1. 拉伸

新建文件。启动 Solidworks2018，单击"新建"图标，在弹出的对话框中双击"零件"图标，或单击"零件"图标后单击"确定"按钮，新建一个零件文件。

（1）绘制拉伸草图。在设计树中选择"上视基准面"为草图绘制平面，单击"草图"工具栏中的"草图绘制"图标，进入草图绘制环境。利用草图绘制工具，绘制如图4-3所示尺寸的草图轮廓。

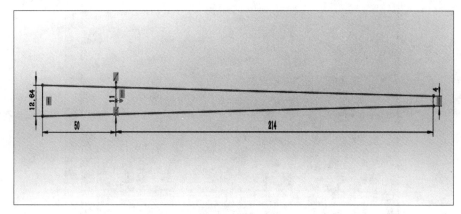

图 4-3 草图 1

（2）创建拉伸特征。单击"特征"工具栏中的"拉伸凸台/基体"，在弹出的属性管理器中选择拉伸轮廓为刚才所画草图，在方向 1 分别选择深度为 200mm，如图 4-4 所示。单击"确定"图标✔，生成拉伸特征。

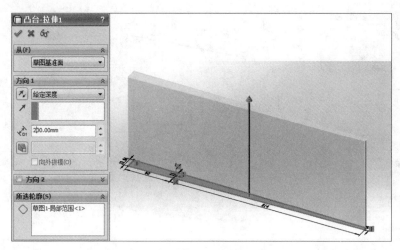

图 4-4 拉伸造型

2. 拉伸切除

（1）绘制拉伸切除草图。在设计树中选择"前视基准面"为草图绘制平面，单击"草图"工具栏中的"草图绘制"图标凸，进入草图绘制环境。利用草图绘制工具，绘制如图 4-5 所示尺寸的草图轮廓。根据图中的尺寸，分别在图中画出各个点。单击"样条曲线"图标～，分别连接各个点将上下两条样条曲线画出（注：图右侧的两条黑色的直线，不用样条曲线画，直接画直线就可以）。画完样条曲线以后，根据图中尺寸将左边的直线画好，与竖直方向夹角为 63°，然后将剩下的所有区域依次连接，形成闭合区域。

（2）创建拉伸切除。单击"特征"工具栏中的"拉伸切除"图标回，在弹出的"切除拉伸"属性管理器中设置拉伸切除参数，方向 1 为"给定深度"，"深度"为 100，方向 2 为"给定深度"，"深度"为 100。在方向 1 和方向 2 中所选轮廓为上一步所画草图，最后形成的闭合区域，如图 4-6 所示。单击"确定"图标✔，完成拉伸切除，效果如图 4-6 所示。

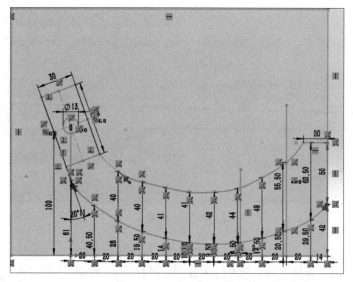

图 4-5　草图 2

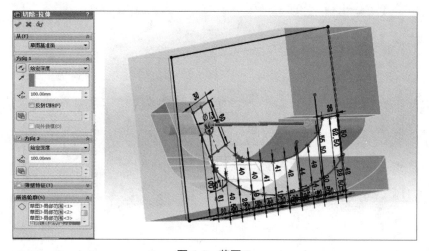

图 4-6　草图 3

3. 扫描切除

（1）绘制扫描切除草图。单击所得实体的侧面，单击"草图"工具栏中的"草图绘制"图标 ⧄，进入草图绘制环境。单击草图所在平面的实体边线，单击右键，选择转换实体引用 ⧉，得到实体的边界曲线。单击移动实体图标 ⧉，将边界曲线沿着竖直方向移动 10mm，如图 4-7 所示。

单击"特征"工具栏中的"参考几何体"图标 ⧄ 中的基准面选项，在弹出的"基准面"属性管理器中设置基准面参数，"第一参考"选择与本步骤中圆弧端点重合 ⧄，"第二参考"选择与样条曲线垂直 ⊥，垂足为端点。如图 4-8 所示得到新建的基准面。

设计树中选择上一步新建的"基准面"为草图绘制平面，单击"草图"工具栏中的"草图绘制"图标 ⧄，进入草图绘制环境。利用草图绘制工具，绘制如图 4-9 所示尺寸的草图轮廓，绘制直角三角形，直角边长度分别为 1.5mm 和 10mm。草图完全确定以后单击"退出草图"，完成草图，并退出草图环境。

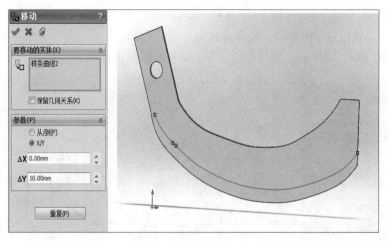

图 4-7 弯刀扫描特征 1

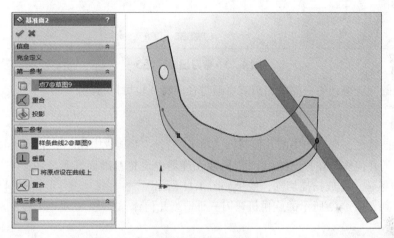

图 4-8 弯刀扫描特征 2

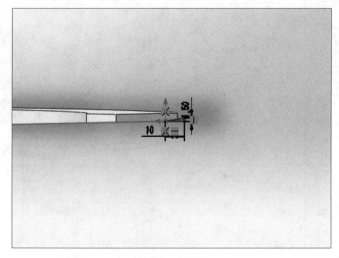

图 4-9 草图 4

（2）创建扫描切除。单击"特征"工具栏中的"扫描切除"图标🗃，在弹出的"切除–拉伸"属性管理器中设置扫描切除参数，轮廓选择为上一步所画矩形，扫描路径为转换为平移的样条曲线。单击"确定"图标✅，完成扫描切除，效果如图4-10所示。

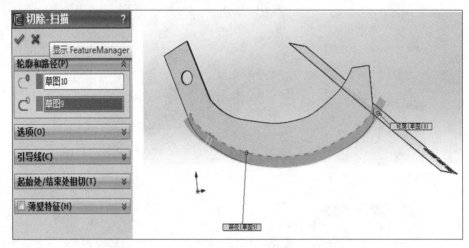

图4-10　弯刀扫描特征3

☆相同的方法得到另一侧的刀刃或者通过径向特征也可以得到。

4. 弯曲

创建弯曲特征，根据图中的几何特征，单击"特征"工具栏中的"弯曲"图标🗃，单击上一步所得到的几何体，在弹出的"弯曲"属性管理器中设置基准面参数，如图4-11所示。单击"确定"图标✅，完成扫描切除，效果如图4-11所示。

最终得到如图4-12所示的旋耕机弯刀三维造型几何体。

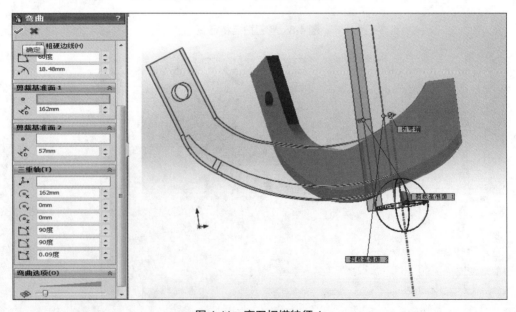

图4-11　弯刀扫描特征4

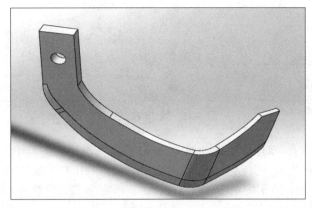

图 4-12　旋耕机弯刀三维造型

4.2　缺口圆盘耙片三维设计方法

缺口圆盘耙在我国水田和旱地耕作中得到了广泛的应用，具有全方位混合土壤和有机质、高效灭茬的功能。缺口圆盘耙中最关键的部件就是缺口圆盘耙片。

1. 建模思路

如图 4-13 所示，缺口圆盘耙片是一个回转件，其边缘上开出缺口，需要用到旋转、拉伸切除、阵列等特征。可以通过图 4-14 所示的过程完成缺口圆盘耙片的三维建模。

2. 绘制步骤

（1）新建文件。启动 Solidworks 2018，单击"新建"图标 ，在弹出的对话框中双击"零件"图标 ，或单击"零件"图标后单击"确定"按钮，新建一个零件文件。

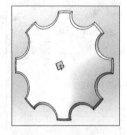

图 4-13　圆盘耙片

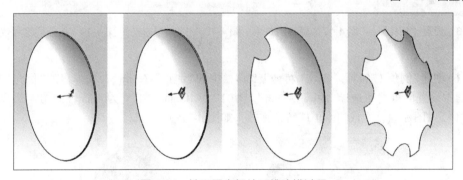

图 4-14　缺口圆盘耙片三维建模过程

（2）绘制旋转草图。在设计树中选择"前视基准面"为草图绘制平面，单击"草图"工具栏中的"草图绘制"图标 ，进入草图绘制环境。利用草图绘制的工具，绘制如图 4-15 所示的圆弧，注意过原点绘制竖直中心线。草图完全定义后单击"退出草图"图标 ，完成草图并退出草图绘制环境。

（3）创建"旋转"特征。单击"特征"工具栏中的"旋转凸台/基体"图标 ，在弹出的"旋转"属性管理器中设置上一步所画草图的竖直中心线为"旋转轴"，方向为"给定深度"，度数为"360"，如图 4-16 所示。单击"确定"图标 ，生成"旋转 1"特征，效果如图 4-17 所示。

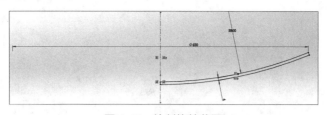

图 4-15　绘制旋转草图

　　（4）绘制"中间方孔"草图。在设计树中选择"前视基准面"为草图绘制平面，单击"草图"工具栏中的"草图绘制"图标 ，进入草图绘制环境。利用草图绘制的工具，绘制边长为 29mm 的正方形，注意正方形的中心和原点重合。草图完全定义后单击"退出草图"图标 ，完成草图并退出草图绘制环境。

　　（5）创建"切除-拉伸 1"特征。单击"特征"工具栏中的"拉伸切除"图标 ，在弹出的"切除-拉伸"属性管理器中设置拉伸切除参数，切除方向为"两侧对称"，深度值为"20"，如图 4-18 所示。单击"确定"图标 ，生成"切除-拉伸 1"特征，效果如图 4-19 所示。

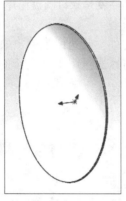

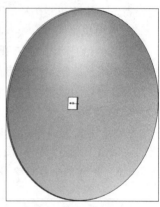

图 4-16　设置"旋转"　　图 4-17　旋转后效果　　图 4-18　设置"拉伸　　图 4-19　拉伸切除后效果
切除"

　　（6）创建"倒角 1"特征。单击"特征"工具栏中的"倒角"图标 ，在弹出的"倒角"属性管理器中设置倒角类型选择"距离—距离"，"D1"为 10mm，"D2"为 4mm，如图 4-20 所示。单击"确定"图标 ，生成"倒角 1"特征，效果如图 4-21 所示。

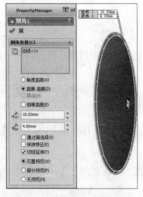

图 4-20　设置"倒角 1"　　　　　　图 4-21　倒角后效果

（7）绘制"缺口"草图。在设计树中选择"上视基准面"为草图绘制平面，单击"草图"工具栏中的"草图绘制"图标 ，进入草图绘制环境。利用草图绘制的工具，绘制直径为100mm 的圆形，注意圆心和圆盘的边缘重合，如图 4-22（a）所示。草图完全定义后单击"退出草图"图标 ，完成草图并退出草图绘制环境。创建"切除-拉伸 2"特征。单击"特征"工具栏中的"拉伸切除"图标 ，在弹出的"切除-拉伸"属性管理器中设置拉伸切除参数，切除方向为"给定深度"，深度值为"10"，如图 4-22（b）所示。单击"确定"图标 ，生成"切除-拉伸 2"特征，效果如图 4-22（c）所示。

（8）创建"倒角 2"特征。单击"特征"工具栏中的"倒角"图标 ，在弹出的"倒角"属性管理器中设置倒角类型选择"距离—距离"，"D1"为 10mm，"D2"为 4mm，如图4-23（a）所示。单击"确定"图标 ，生成"倒角 2"特征，效果如图 4-23（b）所示。

（9）圆周阵列。单击"特征"工具栏中的"圆周阵列"图标 ，弹出"圆周阵列"属性管理器。"参数"栏选圆盘的边线为旋转方向，角度为 360°，个数为 8 个，勾选"等间距"。"要阵列的特征"选前两步所做的"切除-拉伸 2"和"倒角 2"，如图 4-24（a）所示。单击"确定"图标 ，完成圆周阵列，效果如图 4-24（b）所示。

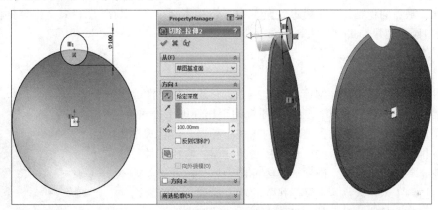

(a)绘制"缺口"草图　　　　　(b)设置"切除-拉伸2"　　　　　(c)拉伸切除后效果

图 4-22　创建缺口特征

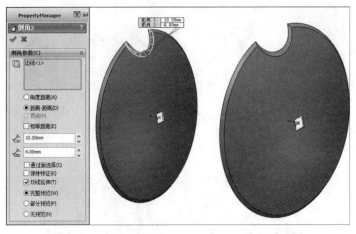

(a)设置"倒角2"　　　　　(b)倒角后效果

图 4-23　倒角特征

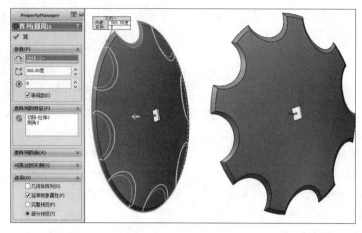

(a)设置"圆周阵列"   (b)阵列后效果

图 4-24   缺口圆周阵列造型

至此，缺口圆盘耙片的建模过程全部完成，接下来单击"保存"图标█，将零件保存为"方孔缺口圆盘耙片.sldprt"。

4.3   勺轮式排种器壳体三维设计方法

排种器是实现精量播种的核心工作部件，它的结构、性能决定整个播种机的工作质量和性能，播种机的工作性能十分重要，目前应用比较广泛的精量排种器就是勺轮式排种器。勺轮式排种器是一种排种勺轮垂直配置的机械式精密排种器。它由带种勺的排种勺轮、导种轮、隔板、排种轴及排种器壳体、排种器盖等零件组成。适合玉米、大豆、高粱等作物的精密播种。本节就以如图 4-25 所示的勺轮式排种器的外壳体为例介绍薄壁壳体类零件的三维建模方法。勺轮排种器的外壳体是比较复杂的注塑件，需要用到拉伸、抽壳、包覆、曲面等特征，外壳体通过如图 4-26 所示过程完成建模。

图 4-25   勺轮式排种器

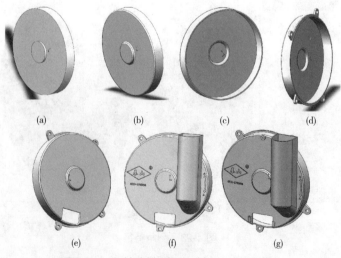

(a)   (b)   (c)   (d)

(e)   (f)   (g)

图 4-26   勺轮式排种器外壳体的建模过程

1. 绘制步骤

新建文件。启动 Solidworks 2018，单击"新建"图标 ，在弹出的对话框中双击"零件"图标 ，或单击"零件"图标后单击"确定"按钮，新建一个零件文件。

2. 基壳特征创建

(1) 绘制拉伸草图。在设计树中选择"前视基准面"为草图绘制平面，单击"草图"工具栏中的"草图绘制"图标 ，进入草图绘制环境。利用草图绘制的工具，以原点为圆心绘制两个同心圆，直径分别是 60mm 和 241mm，并标注尺寸，如图 4-27 所示。草图完全定义后单击"退出草图"图标 ，完成草图并退出草图绘制环境。

(2) 创建"凸台-拉伸 1"特征。单击"特征"工具栏中的"拉伸凸台/基体"图标 ，并单击刚才绘制的草图，在弹出的"凸台-拉伸"属性管理器中设置方向为"给定深度"，拉伸深度为 30mm，单击"所选轮廓"选择框，然后单击 φ241 的圆，如图 4-28 所示。单击"确定"图标 ，生成一个直径 241mm，厚 30mm 的圆柱体。

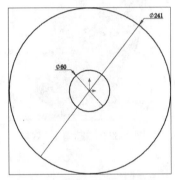

图 4-27　绘制拉伸草图

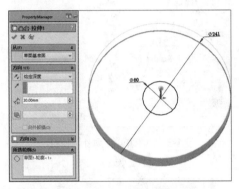

图 4-28　创建"凸台-拉伸 1"特征

3. "凸台-拉伸 2"特征创建

单击"特征"工具栏中的"拉伸凸台/基体"图标 ，并单击刚才绘制的草图，在弹出的"凸台-拉伸"属性管理器中设置方向为"给定深度"，拉伸深度为 36mm，单击"所选轮廓"选择框，然后单击 φ60 的圆，并勾选"合并结果"如图 4-29 所示。单击"确定"图标 。生成效果如图 4-30 所示。

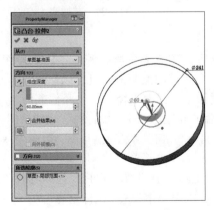

图 4-29　创建"凸台-拉伸 2"特征

图 4-30　造型效果

4. "圆角 1" 特征创建

单击"特征"工具栏中的"圆角"图标 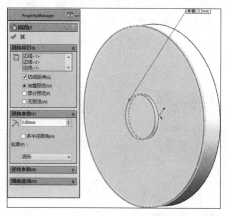，在弹出的"圆角"属性管理器中设置圆角类型为"恒定大小"，在"半径"文本框中设置圆角半径为 3mm，并在实体上选择外圈的 3 条边线，如图 4-31 所示。单击"确定"图标 ，生成"圆角 1"特征，效果如图 4-32 所示。

5. "抽壳 1" 特征创建

单击"特征"工具栏中的"抽壳"图标 ，在弹出的"抽壳"属性管理器中设置"厚度"为 3mm，选择如图 4-33 所示的面，单击"确定"图标 ，生成"抽壳 1"特征，效果如图 4-34 所示。

图 4-31　创建"圆角 1"特征

图 4-32　"圆角 1"效果

图 4-33　创建"抽壳 1"特征

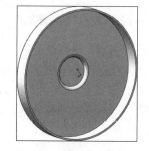

图 4-34　"抽壳 1"效果

6. 凸边特征创建

（1）绘制"草图 2"。在设计树中选择"前视基准面"为草图绘制平面，单击"草图"工具栏中的"草图绘制"图标 ，进入草图绘制环境。利用草图绘制的工具，以原点为圆心绘制一个与外壳相连的扇形，其小半径等于外壳的大圆半径，大半径与小半径值差为 4mm。与中心线的角度如图 4-35（a）所示，草图完全定义后单击"退出草图"图标 ，完成草图并退出草图绘制环境。值得注意的是，该草图需要充分利用"几何关系"约束草图，以省去一些"尺寸标注"。

（2）创建"凸台－拉伸 3"特征。单击"特征"工具栏中的"拉伸凸台/基体"图标 ，并单击刚才绘制的草图，在弹出的"凸台－拉伸"属性管理器中设置"拉伸起点"为"等距"，"距离"值为 1.5mm，方向为"给定深度"，拉伸深度为 3mm，并勾选"合并结果"如图 4-35（b）所示。单击"确定"图标 。生成效果如图 4-35（c）所示。

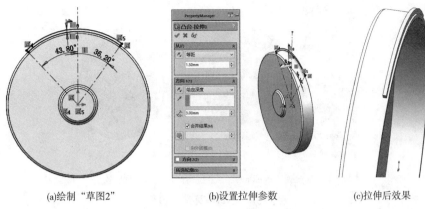

(a)绘制"草图2"　　　　　(b)设置拉伸参数　　　　　(c)拉伸后效果

图 4-35　凸边造型过程

7. 凸耳特征创建过程

（1）绘制"草图 3"。单击上一特征所形成的扇形的后侧面，在弹出的菜单中单击"草图绘制"图标 ，进入草图绘制环境，过扇形边线的"中点"与"原点"绘制中心线，然后按如图 4-36（a）所示的尺寸绘制两个"耳朵"，注意，由于两个耳朵相同，故可画好一个轮廓后用"草图"工具栏中的"镜向实体"命令 ，以刚才绘制的中心线为镜向点，镜向出另一个轮廓，草图完全定义后单击"退出草图"图标 ，完成草图并退出草图绘制环境。

（2）创建"凸台-拉伸 4"特征。单击"特征"工具栏中的"拉伸凸台/基体"图标 ，并单击刚才绘制的草图，在弹出的"凸台-拉伸"属性管理器中设置方向为"给定深度"，拉伸深度为 5mm，并勾选"合并结果"如图 4-36（b）所示。单击"确定"图标 。生成效果如图 4-36（c）所示。

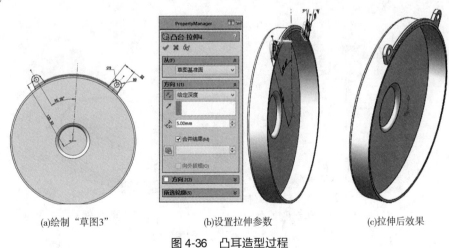

(a)绘制"草图3"　　　　　(b)设置拉伸参数　　　　　(c)拉伸后效果

图 4-36　凸耳造型过程

（3）创建"阵列（圆周）1"特征。单击"特征"工具栏中的"圆周阵列"图标 ，弹出"圆周阵列"属性管理器。"参数"栏选外壳的边线为旋转方向，角度为 158°，个数为 2 个，取消勾选"等间距"。"要阵列的特征"选前两步所做的"凸台-拉伸 3"和"凸台-拉伸 4"，如图 4-37（a）所示。单击"确定"图标 ，完成圆周阵列，效果如图 4-37（b）所示。

8. 清种口特征创建

（1）绘制"草图 4"。在设计树中选择"上视基准面"为草图绘制平面，单击"草图"工具栏

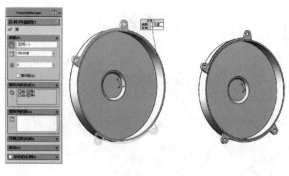

(a)设置"圆周阵列"　　　　　(b)阵列后效果

图4-37　凸耳阵列造型过程

中的"草图绘制"图标 ，进入草图绘制环境。利用草图绘制的工具，过原点做一条竖直中心线，然后绘制如图4-38(a)所示的梯形，草图完全定义后单击"退出草图"图标 ，完成草图并退出草图绘制环境。

（2）创建"切除–拉伸1"特征。单击"特征"工具栏中的"拉伸切除"图标 ，在弹出的"切除–拉伸"属性管理器中设置拉伸切除参数，切除起点设置为"等距"，距离值为85mm，"切除方向"设置为"给定深度"，深度值为65mm，如图4-38(b)所示。单击"确定"图标 ，完成拉伸切除，效果如图4-38(c)所示。

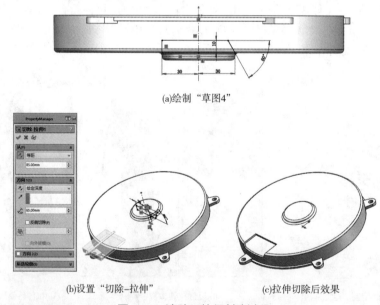

(a)绘制"草图4"

(b)设置"切除–拉伸"　　　　(c)拉伸切除后效果

图4-38　清种口特征创建过程

（3）创建"圆角2"特征。单击"特征"工具栏中的"圆角"图标 ，在弹出的"圆角"属性管理器中设置圆角类型为"恒定大小"，在"半径"文本框中设置圆角半径为3mm，并在实体上选择上一步切除出来的四条边线，如图4-39所示。单击"确定"图标 ，生成"圆角2"特征。

9. 进种管特征创建

（1）绘制"草图5"。在设计树中选择"上视基准面"为草图绘制平面，单击"草图"工具栏

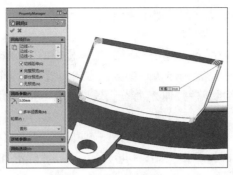

图 4-39　设置"圆角 2"

中的"草图绘制"图标 ⬚，进入草图绘制环境。利用草图绘制的工具，绘制一个"U"型轮廓，尺寸如图 4-40 所示，该轮廓的上开口与"外壳"重合，草图完全定义后单击"退出草图"图标 ⬚，完成草图并退出草图绘制环境。

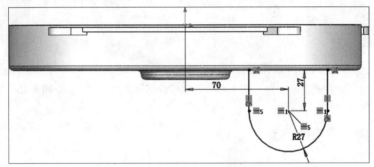

图 4-40　绘制"草图 5"

（2）创建"曲面–拉伸 1"特征。单击"曲面"工具栏中的"拉伸曲面"图标 ⬚，在弹出的"曲面拉伸"属性管理器中设置拉伸起点为"草图基准面"，"方向 1"设置为"给定深度"，深度值为"130"，"方向 2"设置为"给定深度"，深度值为"40"，如图 4-41 所示。单击"确定"图标 ⬚，生成"曲面–拉伸 1"特征，效果如图 4-42 所示。

图 4-41　设置"曲面–拉伸"

图 4-42　拉伸后效果

（3）绘制"草图 6"。单击外壳的上表面，在弹出的立即菜单中单击"草图绘制"图标 ⬚，进入草图绘制环境。利用"草图"工具栏中的"直槽口"命令 ⬚，以上一步所做曲面的下边缘的中点作为"直槽口"的中点，尺寸如图 4-43 所示。草图完全定义后单击"退出草图"图标 <img_5>，完成草图并退出草图绘制环境。

（4）创建"切除-拉伸 2"特征。单击"特征"工具栏中的"拉伸切除"图标 <img_5>，在弹出的"切除-拉伸"属性管理器中设置拉伸切除参数，方向设置为"完全贯穿"，如图 4-44 所示，单击"确定"图标 <img_5>，生成"切除-拉伸 2"特征，效果如图 4-45 所示。

（5）创建"边界-曲面 1"特征。单击"曲面"工具栏中的"边界曲面"图标 <img_5>，在弹出的"边界曲面"属性管理器中的"方向 1"栏中选择"拉伸曲面"所做出的下边缘的圆弧部分以及上一步所做切口的下边缘圆弧部分，如图 4-46 所示，单击"确定"图标 <img_5>，生成"边界-曲面 1"特征，效果如图 4-47 所示。

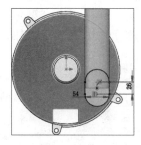
图 4-43　绘制"草图 6"

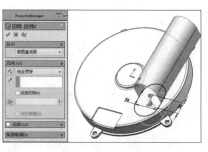
图 4-44　设置拉伸切除参数

图 4-45　切除后效果

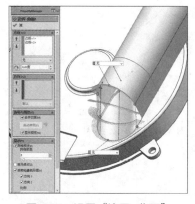
图 4-46　设置"边界-曲面"

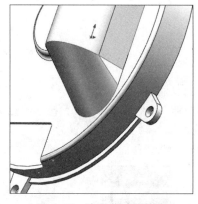
图 4-47　边界曲面后效果

（6）创建"曲面-延伸 1"特征。单击"曲面"工具栏中的"延伸曲面"图标 <img_5>，在弹出的"延伸曲面"属性管理器中设置"拉伸的边线"，选择"拉伸曲面"所作出的下边缘的两段直线部分，"终止条件"选择"成形到某一面"并选择上一步所形成的边界曲面，"延伸类型"选择"同一曲面"，如图 4-48 所示。单击"确定"图标 <img_5>，生成"曲面-延伸 1"特征，效果如图 4-49 所示。

（7）曲面缝合。单击"曲面"工具栏中的"缝合曲面"图标 <img_5>，在弹出的"曲面-缝合"属性管理器中选择"边界-曲面 1"和"曲面-延伸 1"，如图 4-50 所示。单击"确定"图标 <img_5>，将这两个曲面缝合在一起成为一个曲面。完成此步可以看到在"FeatureManager 设计树"上部的"曲面实体"下由原来的两个实体变成一个实体。将多个曲面"缝合"成一个曲面有利于后续对曲面的"加厚"。

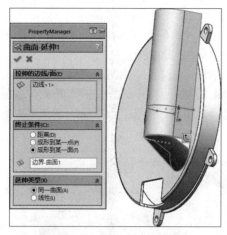

图 4-48　设置"曲面–延伸 1"

图 4-49　曲面延伸后效果

（8）对曲面进行加厚。单击"特征"工具栏中的"加厚"图标 ，在弹出的"加厚"属性管理器中选择曲面"曲面–缝合 1"，选择"向外加厚"并将"厚度"值设置为"2"，并取消选择"合并结果"，如图 4-51 所示。单击"确定"图标 ，生成"加厚 1"特征，效果如图 4-52 所示。

图 4-50　设置"曲面缝合"

图 4-51　设置"加厚"

图 4-52　加厚效果

（9）创建"圆角 3"特征。单击"特征"工具栏中的"圆角"图标 ，在弹出的"圆角"属性管理器中设置圆角类型为"恒定大小"，在"半径"文本框中设置圆角半径为"5"，并在实体上选择上一步形成的棱线，如图 4-53 所示。单击"确定"图标 ，生成"圆角 3"特征。

（10）绘制"草图 7"。单击外壳的上表面，在弹出的立即菜单中单击"草图绘制"图标 ，进入草图绘制环境。利用"草图"工具栏中的"中心线"命令 ，绘制五段中心线，尺寸及位置如图 4-54 所示，草图定义后单击"退出草图"图标 ，完成草图并退出草图绘制环境。

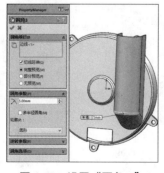

图 4-53　设置"圆角 3"

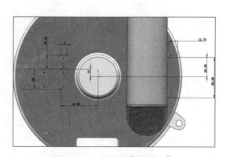

图 4-54　绘制"草图 7"

10. 文字特征创建

(1)绘制"草图8"。单击外壳的上表面,在弹出的立即菜单中单击"草图绘制"图标![icon],进入草图绘制环境。利用"草图"工具栏中的"文字"命令![icon],在"曲线"框中选择"草图7"中所绘制的一条中心线,在"文字"框中输入"泰山"并设置字体格式到合适的大小与位置。完成后单击"确定"按钮![icon],完成该文字的编辑。然后用同样的方法输入其他位置的文字,如图4-55所示,所有文字全部输入完成后单击"退出草图"图标![icon],完成草图并退出草图绘制环境。

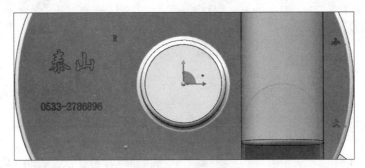

图4-55　草图8绘制

(2)创建"包覆1"特征。单击"特征"工具栏中的"包覆"图标![icon],在弹出的"包覆"属性管理器中设置"包覆参数"类型为"浮雕",选择外壳的上表面,高度值设为"0.5","源草图"选择"草图8",如图4-56所示。单击"确定"图标![icon],生成"包覆1"特征,形成的效果如图4-57所示。

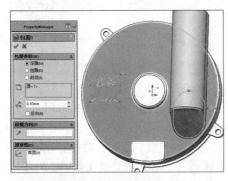

图4-56　设置"包覆1"

图4-57　包覆效果

11. 进种管加厚特征创建

(1)绘制"草图9"。单击"加厚"处的进料口的上端面,在弹出的立即菜单中单击"草图绘制"图标![icon],进入草图绘制环境。利用草图绘制工具绘制一个矩形,位置和尺寸如图4-58所示,草图定义后单击"退出草图"图标![icon],完成草图并退出草图绘制环境。

(2)创建"凸台-拉伸5"。单击"特征"工具栏中的"拉伸凸台/基体"图标![icon],并单击刚才绘制的草图,在弹出的"凸台-拉伸"属性管理器中设置方向为"成形到一面"并选择外壳上的圆角面,勾选"合并结果",在"特征范围"栏选中"所选实体"然后点击加厚处的进料桶,如图4-59所示。单击"确定"图标![icon],生成"凸台-拉伸5"特征,形成的效果如图4-60所示。

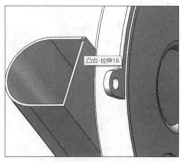

图 4-58　绘制"草图 9"　　图 4-59　设置"凸台-拉伸 5"　　图 4-60　拉伸效果

12. 调节图标特征创建

（1）绘制"草图 10"。单击外壳的上表面，在弹出的立即菜单中单击"草图绘制"图标，进入草图绘制环境。在合适的位置绘制出一个菱形、一个圆和一个双向箭头，大小自定，如图 4-61 所示，完成后单击"退出草图"图标，完成草图并退出草图绘制环境。

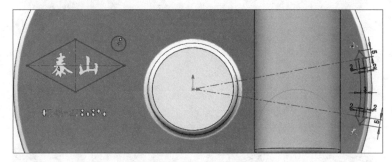

图 4-61　绘制"草图 10"

（2）创建"拉伸-薄壁 1"特征。单击"特征"工具栏中的"拉伸凸台/基体"图标，在弹出的"拉伸"属性管理器中设置拉伸起点为"草图基准面"，"方向 1"设置为"给定深度"，深度值为"0.5"，勾选"合并结果"，然后勾选"薄壁特征"并设置为"两侧对称"，厚度为 1mm，点开"所选轮廓"，选中上一步草图中的菱形和圆形，如图 4-62 所示。单击"确定"图标，生成"拉伸-薄壁 1"特征，形成的效果如图 4-63 所示。

（3）创建"凸台-拉伸 6"特征。单击"特征"工具栏中的"拉伸凸台/基体"图标，并单击刚才绘制的"草图 10"，在弹出的"凸台-拉伸"属性管理器中设置方向为"给定深度"，深度值为"0.5"，勾选"合并结果"，点击"所选轮廓"，选中"草图 10"中的箭头轮廓，如图 4-64 所示。单击"确定"图标，生成"凸台-拉伸 6"特征，形成的效果如图 4-65 所示。

13. 清种门销座特征创建

（1）绘制"草图 11"。单击外壳的上表面，在弹出的立即菜单中单击"草图绘制"图标，进入草图绘制环境。利用草图工具绘制一个矩形，尺寸如图 4-66 所示，草图完全定义后单击"退出草图"图标，完成草图并退出草图绘制环境。

（2）创建"凸台-拉伸 7"特征。单击"特征"工具栏中的"拉伸凸台/基体"图标，并单击上一步绘制的"草图 11"，在弹出的"凸台-拉伸"属性管理器中设置方向为"给定深度"，深度值为"8"，勾选"合并结果"，如图 4-67 所示。单击"确定"图标，生成"凸台-拉伸 7"特征。

图 4-62　设置"拉伸–薄壁 1"

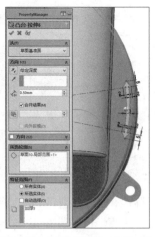

图 4-63　设置"凸台–拉伸 6"

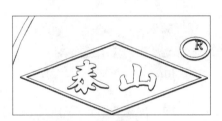

图 4-64　"拉伸–薄壁 1"效果

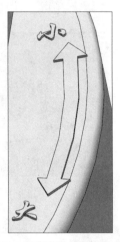

图 4-65　"凸台–拉伸 6"效果

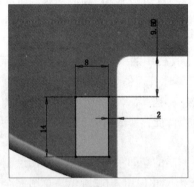

图 4-66　绘制"草图 11"

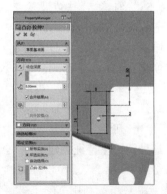

图 4-67　设置"凸台–拉伸 7"

（3）生成"圆角 4"特征。单击"特征"工具栏中的"圆角"图标 🔲，在弹出的"圆角"属性管理器中设置圆角类型为"恒定大小"，在"半径"文本框中设置圆角半径为 4mm，并在实体上选择上一步拉伸形成的棱线，如图 4-68 所示。单击"确定"图标 ✅，生成"圆角 4"特征，如图 4-69 所示。

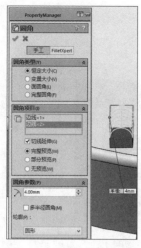

图 4-68　设置"圆角 4"

图 4-69　"圆角 4"效果

（4）绘制"草图 12"。单击上一步形成的凸台端面，在弹出的立即菜单中单击"草图绘制"图标，进入草图绘制环境。利用草图工具绘制一个圆形，直径为 3mm，如图 4-70 所示。草图完全定义后单击"退出草图"图标，完成草图并退出草图绘制环境。

（5）创建"切除–拉伸 3"特征。单击"特征"工具栏中的"拉伸切除"图标，在弹出的"切除–拉伸"属性管理器中设置拉伸切除参数，方向设置为"给定深度"，深度值为"30"，如图 4-71 所示。单击"确定"图标，生成"切除–拉伸 3"特征。

图 4-70　绘制"草图 12"

图 4-71　设置"切除–拉伸 3"

（6）添加"角撑板"。单击"焊件"工具栏中的"角撑板"图标，在弹出的"角撑板"属性管理器中选择"凸台–拉伸 7"所形成的凸台侧面以及外壳的上表面，并设置"d1"为 4mm，"d2"为 4mm，"厚度"选择"两边"图标，厚度值为 3mm，"位置"设置为"轮廓定位于中点"图标，如图 4-72 所示。单击"确定"图标，生成"角撑板 1"特征。

（7）绘制"草图 13"。单击外壳的上表面，在弹出的立即菜单中单击"草图绘制"图标，进入草图绘制环境。利用草图工具绘制一个矩形，并进行圆角处理，尺寸和位置如图 4-73 所示，草图完全定义后单击"退出草图"图标，完成草图并退出草图绘制环境。

（8）创建"凸台–拉伸 8"特征。单击"特征"工具栏中的"拉伸凸台/基体"图标，并单击上一步绘制的"草图 13"，在弹出的"凸台–拉伸"属性管理器中设置方向为"给定深度"，深度值为"4"，勾选"合并结果"，如图 4-74 所示。单击"确定"图标，生成"凸台–拉伸 8"特征。

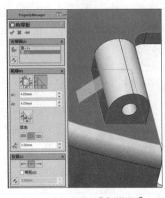

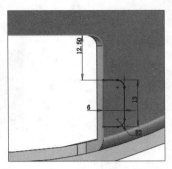

图 4-72　添加"角撑板"　　　图 4-73　绘制"草图 13"　　　图 4-74　设置"凸台-拉伸"

14. 缺口特征创建

(1)绘制"草图 14"。单击上一步所作凸台的上表面，在弹出的立即菜单中单击"草图绘制"图标 ，进入草图绘制环境。利用草图工具绘制一个矩形，尺寸和位置如图 4-75 所示，草图完全定义后单击"退出草图"图标 ，完成草图并退出草图绘制环境。

(2)创建"切除-拉伸 4"特征。单击"特征"工具栏中的"拉伸切除"图标 ，在弹出的"切除-拉伸"属性管理器中设置拉伸切除参数，起点设置为"等距"，距离值为 2.5mm，方向设置为"给定深度"，深度值为 10mm，如图 4-76 所示。单击"确定"图标 ，生成"切除-拉伸 4"特征。

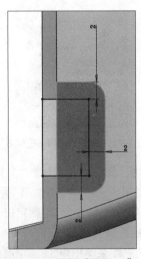

图 4-75　绘制"草图 14"　　　　图 4-76　设置"切除-拉伸 4"

15. 螺栓孔特征创建

(1)绘制"草图 15"。单击外壳的上表面，在弹出的立即菜单中单击"草图绘制"图标 ，进入草图绘制环境。利用草图工具绘制一个圆形，尺寸和位置如图 4-77 所示，草图完全定义后单击"退出草图"图标 ，完成草图并退出草图绘制环境。

（2）创建"凸台-拉伸 9"特征。单击"特征"工具栏中的"拉伸凸台/基体"图标 🔩，并单击上一步绘制的"草图 15"，在弹出的"凸台-拉伸"属性管理器中设置"方向 1"为"给定深度"，深度值为"3"，勾选"合并结果"，"方向 2"设置为"给定深度"，深度值为"7"，如图 4-78 所示。单击"确定"图标 ✅，生成"凸台-拉伸 9"特征。

（3）绘制"草图 16"。单击上一步所作凸台的上表面，在弹出的立即菜单中单击"草图绘制"图标 📝，进入草图绘制环境。利用草图工具绘制一个圆形，直径为 3mm，与凸台同心，如图 4-79 所示，草图完全定义后单击"退出草图"图标 🔄，完成草图并退出草图绘制环境。

（4）创建"切除-拉伸 5"特征。单击"特征"工具栏中的"拉伸切除"图标 🔲，在弹出的"切除-拉伸"属性管理器中设置拉伸切除参数，方向设置为"完全贯穿"，如图 4-80 所示。单击"确定"图标 ✅，生成"切除-拉伸 5"特征。最后效果如图 4-81 所示。

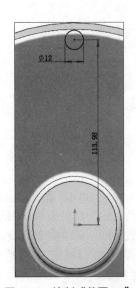

图 4-77　绘制"草图 15"

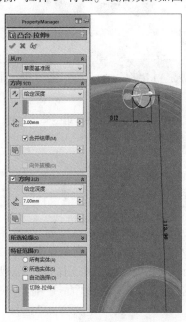

图 4-78　设置"凸台-拉伸 9"

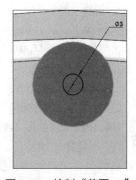

图 4-79　绘制"草图 16"

图 4-80　设置"切除-拉伸 5"

图 4-81　最终效果图

至此，勺轮式排种器外壳的建模过程全部完成，单击"保存"图标🖫，将零件保存为"排种器外壳.sldprt"。

4.4 玉米收获机螺旋喂入拉茎辊三维设计方法

拉茎辊是玉米收获机最关键的部件之一，其样式有很多种，拉茎辊的结构会直接影响收获过程中摘穗的效果，本节以常用的一种螺旋喂入拉茎辊为例，介绍其建模过程。从图 4-82 中可以看出拉茎辊的建模需要用到"拉伸""圆周阵列""螺旋线""扫描"等命令，其过程如图所示。

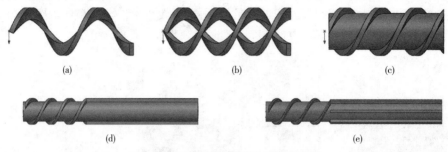

图 4-82   螺旋喂入拉茎辊的建模过程

1. 新建文件

启动 Solidworks 2018，单击"新建"图标🗋，在弹出的对话框中双击"零件"图标，或单击"零件"图标后单击"确定"按钮，新建一个零件文件。

2. 螺旋特征创建

（1）绘制螺旋线草图。在设计树中选择"前视基准面"为草图绘制平面，单击"草图"工具栏中的"草图绘制"图标✐，进入草图绘制环境。利用草图绘制的工具，绘制直径为 80mm 的圆，并标注尺寸，如图 4-83 所示。单击"退出草图"图标↰，完成草图，并退出草图绘制环境。

（2）创建螺旋线特征。单击"特征"工具栏中"曲线"命令下的"螺旋线/涡状线"命令✜，在弹出的属性工具栏中设置螺旋线的参数，"定义方式"选择"高度和螺距"，"高度"值为"210"，"螺距"值为"120"，如图 4-84 所示。

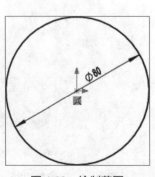

图 4-83   绘制草图

图 4-84   创建"螺旋线"特征

（3）新建基准面。单击"特征"工具栏中"参考几何体"下的"**基准面**"命令 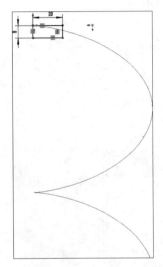，选择上一步绘制的螺旋线以及螺旋线的端点作为新建基准面的参考，如图 4-85 所示。

（4）绘制扫描轮廓草图。单击上一步新建的基准面，在弹出的图标中选择"绘制草图"命令，进入草图绘制命令。利用"草图工具"绘制一个长为"20"，宽为"8"的矩形，并添加几何关系令其一个端点与"螺旋线"建立"穿透"关系，如图 4-86 所示。单击"退出草图"图标 ，完成草图，并退出草图绘制环境。

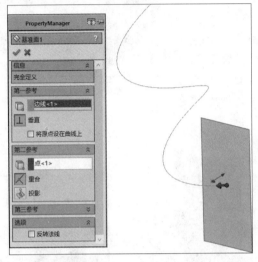

图 4-85　创建基准面

图 4-86　绘制草图

单击"特征"工具栏中的"扫描"命令 ，在弹出的属性对话框中，选择扫描的"轮廓"和"路径"，轮廓选择矩形草图，路径选择"螺旋线"，如图 4-87 所示。单击"确定"图标 ，生成效果如图 4-88 所示。

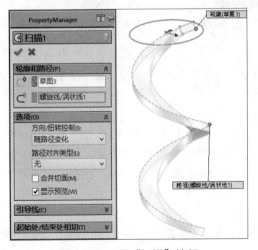

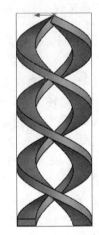

图 4-87　设置"扫描"特征

图 4-88　扫描结果

图 4-89　交织后效果

根据上诉方法再创建一个扫描特征，螺旋线的起始角度与上一条相差 180°，该特征与之前的扫描特征交织在一起，效果如图 4-89 所示。

☆此步也可用圆周阵列的方法来做。

3. 中间柱体特征创建

（1）绘制拉伸"草图5"。在设计树中选择"前视基准面"为草图绘制平面，单击"草图"工具栏中的"草图绘制"图标 ，进入草图绘制环境。利用草图绘制的工具，绘制直径为60mm的圆，并标注尺寸，如图4-90所示。单击"退出草图"图标 ，完成草图，并退出草图绘制环境。

（2）创建"凸台-拉伸1"特征。单击"特征"工具栏中的"拉伸凸台/基体"图标 ，并单击刚才绘制的草图，在弹出的"凸台-拉伸"属性管理器中设置方向为"给定深度"，拉伸深度为210mm，并勾选"合并结果"，如图4-91所示。单击"确定"图标 ，生成效果如图4-92所示。

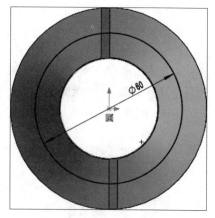

图4-90　绘制拉伸草图

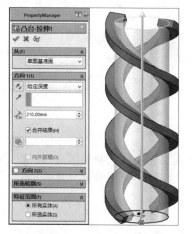

图4-91　创建拉伸特征

图4-92　拉伸效果

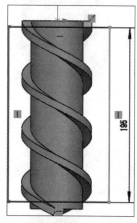

图4-93　绘制"切除草图"

（3）绘制拉伸切除草图。在设计树中选择"上视基准面"为草图绘制平面，单击"草图"工具栏中的"草图绘制"图标 ，进入草图绘制环境。利用草图绘制的工具，绘制一个高为195mm的矩形，其宽度能够覆盖之前所画实体即可，如图4-93所示。单击"退出草图"图标 ，完成草图，并退出草图绘制环境。

（4）创建"切除-拉伸1"特征。单击"特征"工具栏中的"拉伸切除"图标 ，选择刚刚绘制的草图并在弹出的"切除-拉伸"属性管理器中设置拉伸切除参数，"切除方向"设置为"两侧对称"，深度值为"110"，勾选"反侧切除"，如图4-94所示。单击"确定"图标 ，完成拉伸切除，效果如图4-95所示。

（5）创建"凸台-拉伸2"特征。单击"特征"工具栏中的"拉伸凸台/基体"图标 ，并单击"步骤8"绘制的草图，在弹出的"凸台-拉伸"属性管理器中设置方向为"给定深度"，拉伸深度为550mm，并勾选"合并结果"，如图4-96所示，单击"确定"图标 完成拉伸特征。

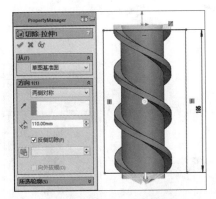

图 4-94　设置拉伸切除参数

图 4-95　切除后效果

图 4-96　创建"凸台-拉伸 2"

4. 凸棱特征创建

（1）绘制拉伸"草图 7"。单击上一特征所形成的圆柱的端面，在弹出的立即菜单中单击"草图绘制"图标，进入草图绘制环境。绘制如图 4-97 所示的草图，其短边是与大圆重合的圆弧，长边是两条关于原点对称的直线，两直线间距为 8mm。圆弧部分可以先画直径为 80mm 的圆然后用"剪裁实体"命令进行修剪。草图完全定义后单击"退出草图"图标，完成草图并退出草图绘制环境。接着创建"凸台-拉伸 3"特征。单击"特征"工具栏中的"拉伸凸台/基体"图标，并单击刚才绘制的"草图 7"，在弹出的"凸台-拉伸"属性管理器中设置方向为"成形到一面"，并点击螺旋部分的端面，勾选"合并结果"如图 4-98 所示。单击"确定"图标，生成效果如图 4-99 所示。

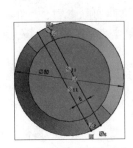

图 4-97　绘制"草图 7"

图 4-98　设置"凸台-拉伸 3"

图 4-99　拉伸效果

（2）创建"阵列（圆周）1"特征。单击"特征"工具栏中的"圆周阵列"图标，弹出"圆周阵列"属性管理器。"参数"栏选圆柱的端面边线，角度为 360°，个数为 3 个，勾选"等间距"。"要阵列的特征"选上一步所做的"凸台-拉伸 3"，如图 4-100 所示。单击"确定"图标，完成圆周阵列，效果如图 4-101 所示。

5. 空心特征创建

（1）绘制拉伸切除"草图 8"。在设计树中选择"前视基准面"为草图绘制平面，单击"草

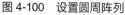

图 4-100　设置圆周阵列　　图 4-101　圆周　图 4-102　绘制"草图 8"　　图 4-103　切除–拉伸 2
　　　　　　　　　　　　　　阵列效果

图"工具栏中的"草图绘制"图标 ✍，进入草图绘制环境。利用草图绘制的工具，以原点为圆心绘制一个直径为 48mm 的圆，如图 4-102 所示。单击"退出草图"图标 ✍，完成草图，并退出草图绘制环境。

（2）创建"切除–拉伸 2"特征。单击"特征"工具栏中的"拉伸切除"图标 ▣，选择刚刚绘制的草图并在弹出的"切除–拉伸"属性管理器中设置拉伸切除参数，"切除方向"设置为"完全贯穿"，如图 4-103 所示。单击"确定"图标 ✔，完成拉伸切除。

（3）绘制拉伸切除"草图 9"。在设计树中选择"前视基准面"为草图绘制平面，单击"草图"工具栏中的"草图绘制"图标 ✍，进入草图绘制环境。利用草图绘制的工具，以原点为圆心绘制一个直径为 52mm 的圆，如图 4-104 所示。单击"退出草图"图标 ✍，完成草图，并退出草图绘制环境。

（4）创建"切除–拉伸 3"特征。单击"特征"工具栏中的"拉伸切除"图标 ▣，选择上一步绘制的草图并在弹出的"切除–拉伸"属性管理器中设置拉伸切除参数，"切除方向"设置为"给定深度"，"深度"值为"40"，如图 4-105 所示。单击"确定"图标 ✔，完成拉伸切除。

用类似的方法将拉茎辊的另一端也切出一个同样大小的台阶。效果如图 4-106、图 4-107所示。

6. 过渡特征创建

（1）创建"倒角 1"特征。单击特征工具栏中的"倒角"图标 ◢。在弹出的属性工具栏中设置参数，选择拉茎辊两端孔的边线，选择"角度距离"方式，"距离"值为 2mm，"角度"值为45°，如图 4-108 所示。单击"确定"图标 ✔，倒角的创建，效果如图 4-109 所示。

（2）创建"圆角 1"特征。单击"特征"工具栏中的"圆角"图标 ◢，在弹出的"圆角"属性管理器中设置圆角类型为"恒定大小"，在"半径"文本框中设置圆角半径为 3mm，并在实体上选择螺旋部分的棱线，如图 4-110 所示。单击"确定"图标 ✔，生成"圆角4"特征。

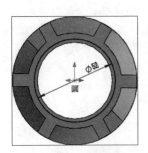

图 4-104　绘制草图 9　图 4-105　设置切除拉伸 3　图 4-106　切除效果　图 4-107　切除效果 2

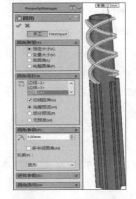

图 4-108　设置倒角　图 4-109　倒角效果　图 4-110　设置圆角

至此，玉米收获机螺旋喂入拉茎辊的建模过程全部完成，最后效果图如图 4-82(e)所示。接下来单击"保存"图标，将零件保存为"螺旋喂入拉茎辊 . sldprt"。

4.5　播种机机架三维设计方法

机架是播种机上最重要的部件之一(图 4-111)，其他所有部件都安装在机架上。机架基本上都是用各种型材焊接而成的，故可用 Solidworks 中的"焊件"来进行建模。本节就以一种玉米播种的机架为例讲解"焊件"的应用。

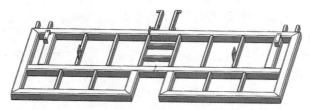

图 4-111　播种机机架

播种机机架主要由方管、矩形管、槽钢等材料焊接而成，而这些型材在 Solidworks 中"焊件"的型材库中都可以找到，其建模过程如图 4-112 所示，可以采用"焊件"的方式来对该机架进行建模。具体建模过程如下：

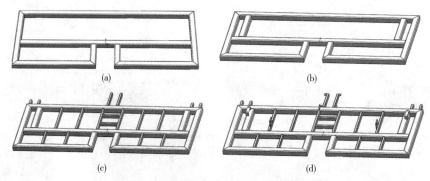

图 4-112　播种机机架的建模过程

1. 新建文件

启动 Solidworks 2018，单击"新建"图标 ，在弹出的对话框中双击"零件"图标 ，或单击"零件"图标后单击"确定"按钮，新建一个零件文件。

2. 创建构件 1

（1）绘制"草图 1"。在设计树中选择"前视基准面"为草图绘制平面，单击"草图"工具栏中的"草图绘制"图标 ，进入草图绘制环境。利用草图绘制的工具绘制如图 4-113 所示的草图，通过添加尺寸和几何关系将草图完全定义后单击"退出草图"图标 ，完成草图并退出草图绘制环境。

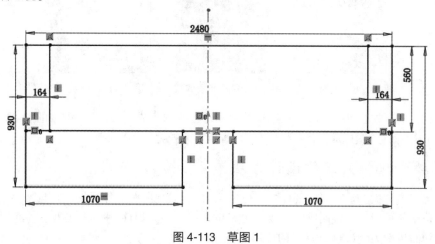

图 4-113　草图 1

（2）创建"结构构件 1"。单击"焊件"工具栏中的"结构构件"图标 ，在弹出的属性管理器中设置"标准"为"GB"，"Type"为"方管"，"大小"为"80×80×5"，然后逐一选中草图 1 的外轮廓线，中间的三条线暂且不选，如图 4-114 所示，勾选"应用边角处理"处理方式选择"终端斜接" ，如图 4-115 所示。单击"确定"图标 ，完成"结构构件 1"的创建。

3. 创建构件 2

（1）单击"焊件"工具栏中的"结构构件"图标 ，在弹出的属性管理器中设置"标准"为"GB"，"Type"为"方管"，"大小"为"80×80×5"，如图 4-116 所示，然后选中"草图 1"内部较长的线，如图 4-117 所示。单击"确定"图标 ，完成"结构构件 1"的创建，生成效果如图 4-118 所示。

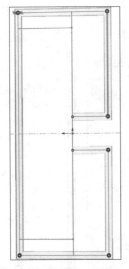

图 4-114　草图边线选择

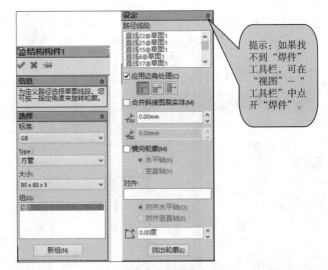

图 4-115　"结构构件"设置

图 4-116　构件 2 创建

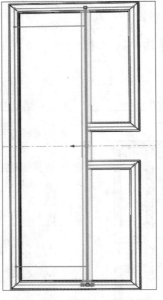

图 4-117　草图 1 中线选择

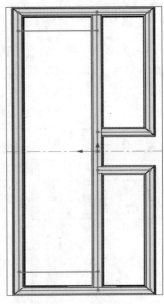

图 4-118　造型效果

（2）对构件进行剪裁。单击焊件工具栏中的"剪裁/延伸"图标，在弹出的属性管理器中设置"边角类型"为"终端剪裁"，"要剪裁的实体"选中上一步创建的"结构构件 2"，"剪裁边界"类型为"实体"并选中整个框架的两条短边，如图 4-119 所示，单击"确定"图标，完成剪裁。

（3）继续剪裁多余的构件。参照"步骤 5"的方法，剪裁掉最短的两条边多余的部分，如图 4-120 所示。

4. 创建构件 3

（1）单击"焊件"工具栏中的"结构构件"图标，在弹出的属性管理器中设置"标准"为"GB"，"Type"为"方管"，"大小"为"80×80×5"，然后选中"草图 1"剩余的两条线，如图 4-121 所示。单击"确定"图标，完成"结构构件 1"的创建。

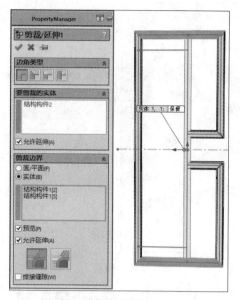

图 4-119　"剪裁/延伸 1"设置

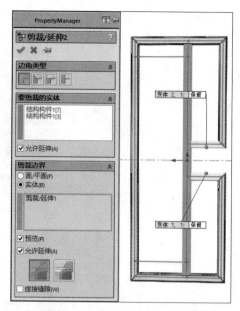

图 4-120　"剪裁/延伸 2"设置

（2）剪裁上一步生成的"结构构件"。参照"步骤 5"的方法，剪裁掉上一步生成的两横撑多余的部分，如图 4-122 所示。

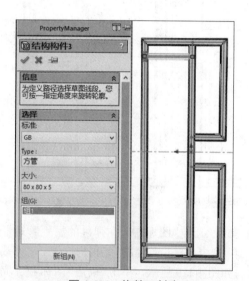

图 4-121　构件 3 创建

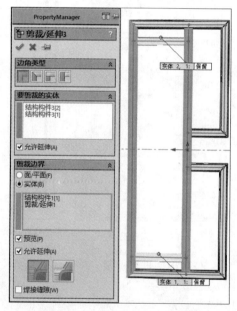

图 4-122　"剪裁/延伸 3"设置

5. 创建构件 4

（1）绘制"草图 2"。单击机架的上平面，在弹出的立即菜单中单击"草图绘制"图标![图标]，进入草图绘制环境，利用草图绘制工具，绘制如图 4-123 所示的草图。草图完全定义后单击"退出草图"图标![图标]，完成草图并退出草图绘制环境。

（2）创建"结构构件 4"。单击"焊件"工具栏中的"结构构件"图标![图标]，在弹出的属性管理器中设置"标准"为"GB"，"Type"为"矩形管"，"大小"为"50×30×3"，然后先选中"草图 2"

中所有的竖线，如图 4-124 所示，然后点击属性管理器中的"找出轮廓"按钮，此时 Solidworks 会自动放大显示矩形管截面轮廓，并显示轮廓的角点和中点，此时点击短边的中点，该组矩形管的上面就会和之前所创建的方管的上面重合，如图 4-125 所示。然后点击属性管理器中的"新组"按钮，再选中剩余的两条线，同样用"找出轮廓"选中矩形管截面轮廓的上边线中点，如图 4-126 所示。单击"确定"图标 ✓，完成"结构构件 4"的创建。

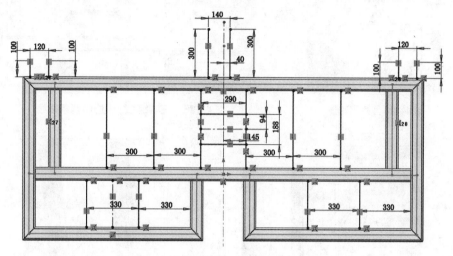

图 4-123　草图 2

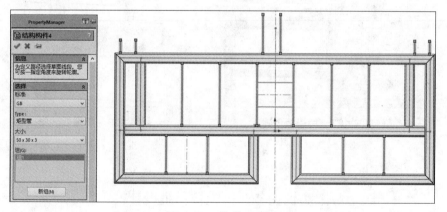

图 4-124　构件 4 创建

6. 创建"角撑板"

单击焊件工具栏中的"角撑板"图标 ⌷，在弹出的属性管理器中设置参数，支撑面选择图 4-127 中所示垂直的两个面，在"轮廓"栏设置"d1"为 35mm，"d2"为 20mm，厚度类型选"两边"，厚度值为 10mm，位置类型选"轮廓定位于中点"。单击"确定"图标 ✓，完成"角撑板 1"的创建。然后用同样的方法创建另一个角撑板，创建完成后效果如图 4-128 所示。

7. 完成后续挂耳及支撑架的绘制

由于之后的绘制仅仅用到"拉伸凸台"和"拉伸切除"命令，这两种命令在之前的实例中已介绍很多，此处不再赘述，读者可自行完成。完成之后单击"保存"图标 🖫，将零件保存为"播种机机架 .sldprt"。

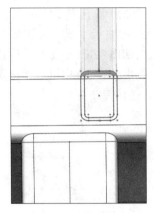

图 4-125　找出轮廓

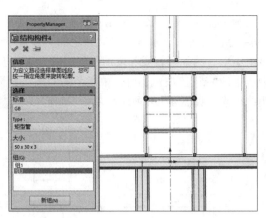

图 4-126　在"组 2"中选中两条横线

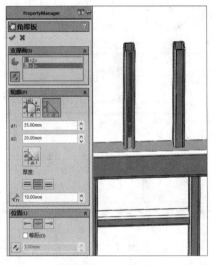

图 4-127　角撑板创建

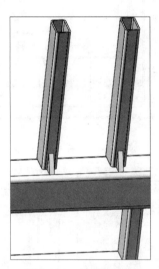

图 4-128　角撑板效果

4.6　项目实训

实训任务一　弹簧三维设计

弹簧是机械中经常用到的零件之一(图 4-129),尤其是在农业机械中发挥着非常关键的作用。本实训任务是完成一种圆柱压缩弹簧的三维设计。

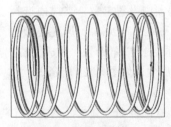

图 4-129　弹簧

可把弹簧作为一个螺旋零件,采用"扫描"的方法来完成建模。在弹簧的扫描中最关键的就是扫描路径即螺旋线的绘制。其建模过程如下:

1. 新建文件

启动 Solidworks 2018,单击"新建"图标 ,在弹出的对话框中双击"零件"图标 ,或单击"零件"图标后单击"确定"按钮,新建一个零件文件。

2. 绘制"草图 1"

在设计树中选择"前视基准面"为草图绘制平面，单击"草图"工具栏中的"草图绘制"图标，进入草图绘制环境。利用草图绘制的工具，以原点为圆心绘制一个直径为 34mm 的圆，如图 4-130 所示。草图完全定义后单击"退出草图"图标，完成草图并退出草图绘制环境。

3. 创建"螺旋线"

单击特征工具栏中的"螺旋线/涡状线"图标，在弹出的属性管理器中选择"定义方式"为"螺距和圈数"，参数栏设置为"可变螺距"，在区域参数栏设置参数，起始角度设置为 135°，如图 4-131 所示，单击"确定"图标完成螺旋线的创建，生成的螺旋线如图 4-132 所示。

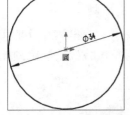

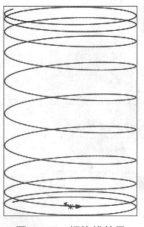

图 4-130　绘制"草图 1"　　图 4-131　设置螺旋线参数　　图 4-132　螺旋线效果

4. 创建"基准面 1"

单击特征工具栏中的"基准面"图标，在弹出的属性管理器中设置"第一参考"为上一步所绘制的螺旋线，"第二参考"为螺旋线的端点，如图 4-133 所示。单击"确定"图标完成基准面的创建。

5. 绘制扫描轮廓"草图 2"

单击上一步所作创建的基准面，在弹出的立即菜单中单击"草图绘制"图标，进入草图绘制环境。利用草图绘制工具以原点为圆心绘制一个直径为 1mm 的圆，并添加几何关系，使螺旋线与圆心成穿透关系，如图 4-134 所示。草图完全定义后单击"退出草图"图标，完成草图并退出草图绘制环境。

6. 创建扫描特征

单击特征工具栏中的"扫描"图标，在弹出的属性管理器中设置"扫描轮廓"为上一步的"草图 2"，"扫描路径"为之前创建的螺旋线，其余默认，如图 4-135 所示。单击"确定"图标完成扫描特征的创建，效果如图 4-136 所示。

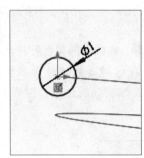

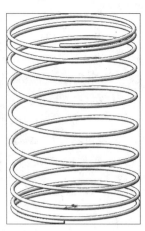

图 4-133　创建基准面　图 4-134　绘制"草图 2"　图 4-135　创建扫描特征　图 4-136　扫描结果

至此，弹簧的建模已经完成。接下来单击"保存"图标 ，将零件保存为"弹簧.sldprt"。另外，对于一些端面需要磨平的弹簧，只需再用"拉伸切除"命令进行切除即可。

实训任务二　盘套类零件三维设计

图 4-137　圆盘

本实训任务是完成一个盘套类零件三维设计（图 4-137），可采用旋转特征做出基体，然后做出上面的孔。其建模步骤如图 4-138 所示，流程如下：

1. 新建文件

启动 Solidworks 2018，单击"新建"图标 🗋，在弹出的对话框中双击"零件"图标 🖼，或单击"零件"图标后单击"确定"按钮，新建一个零件文件。

（a）旋转　　　　　　　（b）拉伸切除　　　　　　（c）圆形阵列

图 4-138　建模过程

2. 创建旋转特征

（1）绘制旋转草图。在设计树中选择"前视基准面"为草图绘制平面，单击"草图"工具栏中的"草图绘制"图标 🖊，进入草图绘制环境。利用草图绘制的工具，绘制圆盘截面的草图轮廓，并标注尺寸，如图 4-139 所示。注意绘制竖直中心线作为旋转轴，直径尺寸可以如图标注，添加必要的几何关系。草图完全定义后单击"退出草图"图标 🔄，完成草图，并退出草图绘制环境。

（2）创建旋转特征。单击"特征"工具栏中的"旋转凸台/基体"命令，在弹出的属性管理

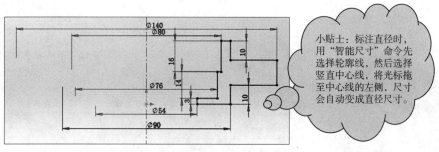

图 4-139　旋转草图

器中设置旋转轴为草图中绘制的水平中心线，旋转类型为"给定深度"，在"角度"文本框中输入"360"，如图 4-140 所示。单击"确定"图标 ✅，生成旋转特征。

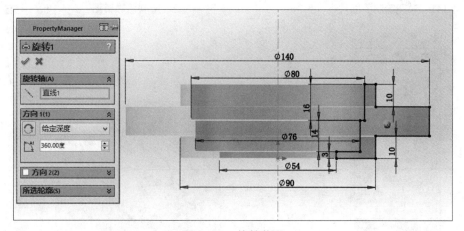

图 4-140　旋转草图

3. 创建拉伸切除特征

（1）绘制拉伸草图。单击如图 4-141 所示的圆环面，在弹出的立即菜单中单击"草图绘制"图标 ✏️，进入草图绘制环境，过原点绘制一个直径为 115mm 的圆，并设置其为"构造线"，在该圆上再绘制一个小圆，直径为 11mm，如图 4-142 所示，草图完全定义后单击"退出草图"图标 ↪️，完成草图，并退出草图绘制环境。

（2）创建拉伸切除。单击"特征"工具栏中的"拉伸切除"图标 ▣，在弹出的"切除—拉伸"属性管理器中设置拉伸切除参数，方向为"给定深度"，"深度"值为"20"，如图 4-143 所示。单击"确定"图标 ✅，完成拉伸切除，效果如图 4-144 所示。

4. 创建圆周阵列特征

单击"特征"工具栏中的"圆周阵列"图标 ✿，弹出"圆周阵列"属性管理器。"参数"栏选圆盘的边线为旋转方向，角度为 360°，个数为 6 个，并勾选"等间距"。"要阵列的特征"选上一步所做的"切除–拉伸 1"，如图 4-145 所示。单击"确定"图标 ✅，完成圆周阵列，效果如图 4-146 所示。

至此，该圆盘的建模过程全部完成，接下来单击"保存"图标 🖫，将零件保存为"圆盘 .sldprt"。

图 4-141　草图绘制平面

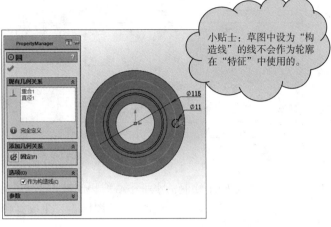

小贴士：草图中设为"构
造线"的线不会作为轮廓
在"特征"中使用的。

图 4-142　绘制切除草图

图 4-143　创建"拉伸切除"特征

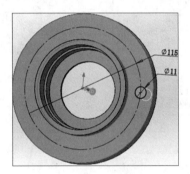

图 4-144　拉伸切除后的效果

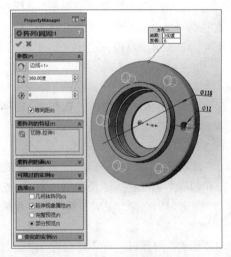

图 4-145　创建"圆周阵列"特征

图 4-146　圆周阵列
后的效果

实训任务三　6315 轴承三维设计

本实训任务是完成如图 4-147 所示的 6135 轴承零件建模及装配，可以分成三部分建模，分别是内外圈、保持架和滚珠，建模完成后进行装配，完成 6315 轴承的三维建模。其建模过程如图 4-148 所示，具体流程如下：

1. 创建内外圈

（1）新建文件。启动 Solidworks 2018，单击"新建"图标，在弹出的对话框中双击"零件"图标，或单击"零件"图标后单击"确定"按钮，新建一个零件文件。

图 4-147　6135 轴承

　　(a)轴承内外圈　　　　　(b)保持架　　　　　(c)滚珠　　　　　(d)轴承装配体

图 4-148　轴承建模步骤

（2）绘制草图。在设计树中选择"右视基准面"为草图绘制平面，单击"草图"工具栏中的"草图绘制"图标，进入草图绘制环境。利用草图绘制的工具，绘制轴承内外圈旋转的草图轮廓，并标注尺寸，如图 4-149 所示。注意绘制水平中心线作为旋转轴，直径尺寸可以如图标注，添加必要的几何关系。草图完全定义后单击"退出草图"图标，完成草图，并退出草图绘制环境。

（3）旋转实体。单击"特征"工具栏中的"旋转凸台/基体"命令，在弹出的属性管理器中设置旋转轴为草图中绘制的水平中心线，旋转类型为"给定深度"，在"角度"文本框中输入"360"，如图 4-150 所示。单击"确定"图标，生成旋转特征，如图 4-151 所示。

（4）创建轴承外圈圆角。单击"特征"工具栏中的"圆角"图标，在弹出的"圆角"属性管理器中设置圆角类型为"等半径"，在"半径"文本框中设置圆角半径为 3.5mm，并在实体上选择外圈的两条边线，如图 4-152 所示。单击"确定"图标，生成圆角特征。

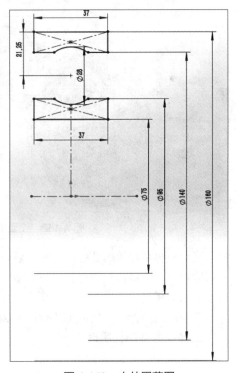

图 4-149　内外圈草图

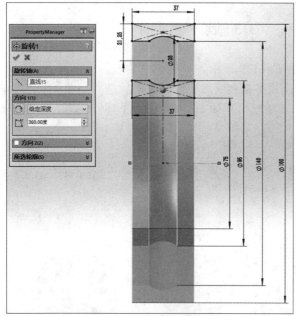

图 4-150 设置旋转参数   图 4-151 生成旋转特征

（5）创建轴承内圈圆角。根据上一步的操作，创建轴承内圈的圆角，圆角半径为 3.5mm，生成后的特征如图 4-153 所示。

图 4-152 设置圆角参数   图 4-153 生成的圆角

至此，整个轴承内外圈的建模过程就完成了。整个建模过程使用旋转的方法创建框架，并用远景的方法对内外圈进行了圆角处理。需要注意的是，Solidworks 的零件文件中允许存在多个互不相交的实体，基于该功能，才使得本模型可以在同一个零件文件中创建。当然也可以把轴承的内外圈分成两个零件分别创建，读者可以试试。

2. 轴承内外圈材质设定

Solidworks 中提供了内置的材料编辑器，用于对零件和装配体进行渲染，制定材质之后可以赋予零件颜色、质地、纹理、密度、强度等物理特性。制定材质的方法如下：

（1）设置材质。右击"FeatureManager 设计树"中的"材质"选项 ⅜ 材质 <未指定>，在弹出的快捷菜单中单击"编辑材料"命令，弹出材料对话框，展开"Solidworks materials"选项。

（2）指定材质。在展开的"Solidworks materials"列表中选择"钢"→"合金钢"选项。如图 4-154 所示。单击"应用"按钮，为轴承内外圈指定材料为合金钢。

（3）保存文件。单击工具栏中的"保存"按钮 🖫，将文件保存为"轴承内外圈 . sldprt"。

至此，轴承内外圈就创建完成了，最后的效果如图 4-155 所示。从"FeatureManager 设计树"中可以清晰地看出整个零件的建模过程，如图 4-156 所示。

3. 创建保持架

保持架用来对轴承中的滚珠进行限位，滚珠在内外圈和保持架的约束下滚动，绘制保持架的步骤如图 4-157 所示。

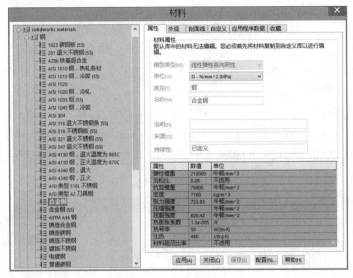

图 4-154　材料对话框

图 4-155　轴承 6315 内外圈的最终效果

图 4-156　FeatureManager 设计树

（1）新建文件。单击"新建"图标 🗋，在弹出的对话框中双击"零件"图标 📄，或单击"零件"图标后单击"确定"按钮，新建一个零件文件。

（2）绘制草图。在设计树中选择"前视基准面"为草图绘制平面，单击"草图"工具栏中

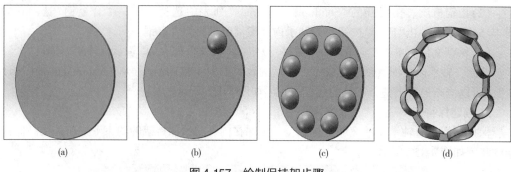

图 4-157　绘制保持架步骤

的"草图绘制"图标 ，进入草图绘制环境。利用草图工具中的"圆"以坐标原点为圆心绘制一个直径为 160mm 的圆，作为拉伸特征的草图，草图完全定义后单击"退出草图"图标 ，完成草图并退出草图绘制环境，如图 4-158 所示。

（3）凸台拉伸实体。单击"特征"工具栏中的"拉伸凸台/基体"图标 ，并单击上一步绘制的草图，在弹出的"凸台-拉伸"属性管理器中设置方向为"两侧对称"，拉伸深度为 3mm，如图 4-159 所示。单击"确定"图标 ，生成一个直径 160mm，厚 3.5mm 的圆柱体，如图 4-160 所示。

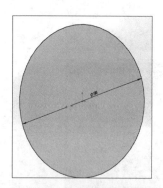

图 4-158　绘制凸台拉伸草图

图 4-159　设置拉伸参数

图 4-160　拉伸实体

（4）新建草图。选择"右视基准面"作为草图绘制平面，单击"草图"工具栏中的"草图绘制"图标 ，进入草图绘制环境。

（5）绘制旋转轮廓。单击"草图"工具栏中的"中心线"图标，绘制一条过原点的竖直中心线和一条与之相交的水平中心线，并标注水平中心线到原点的距离为 58.75mm。单击"草图"工具栏中的"圆"图标 ，以两条中心线的交点为圆心绘制直径为 30mm 的圆，用"草图"工具栏中的"剪裁实体"工具 ，剪裁掉水平中心线以下的半圆，然后单击"直线"图标 ，绘制一条将剩余半圆封闭的直线，整个旋转草图如图 4-161 所示，草图完全定义后单击"退出草图"图标 ，完成草图，并退出草图绘制环境。

（6）旋转实体。单击"特征"工具栏中的"旋转凸台/基体"图标 ，选择草图中的水平中心线为旋转轴，在弹出的"旋转"属性管理器中设置参数如图 4-162 所示，单击"确定"图标 ✅，得到旋转实体，如图 4-163 所示。

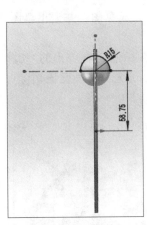

图 4-161　旋转草图

图 4-162　设置旋转参数

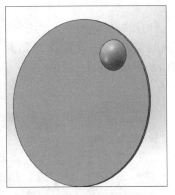

图 4-163　得到旋转实体

（7）绘制旋转切除草图。选择"右视基准面"作为草图绘制平面，单击"草图"工具栏中的"草图绘制"图标 ✏️，进入草图绘制环境。参照步骤（5）绘制一个与旋转得到的球体同心的半圆，其直径为 28mm，如图 4-164 所示，草图完全定义后单击"退出草图"图标 ↩️，完成草图，并退出草图绘制环境。

（8）旋转切除。单击"特征"工具栏中的"旋转切除"图标 📷，选择上一步绘制的草图，以直径为旋转轴，参数设计如图 4-165 所示。单击"确定"按钮 ✅，完成旋转切除，可以通过剖面试图来查看效果，如图 4-166 所示。

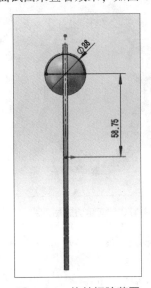

图 4-164　旋转切除草图

图 4-165　设置切除参数

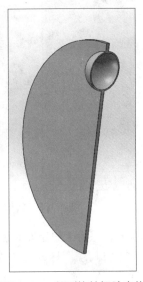

图 4-166　得到旋转切除实体

（9）圆周阵列。单击"特征"工具栏中的"圆周阵列"图标 🔃，弹出"圆周阵列"属性管理器。"参数"栏选圆柱的边线为旋转方向，角度为 360°，个数为 8 个，并勾选"等间距"。"要

阵列的特征"选前两步所做的"旋转 1"和"切除−旋转 1",如图 4-167 所示。单击"确定"图标
✅,完成圆周阵列,效果如图 4-168 所示。

(10)绘制拉伸切除草图。选择"前视基准面"作为草图绘制平面,单击"草图"工具栏中
的"草图绘制"图标,进入草图绘制环境。绘制两个以原点为圆心的同心圆,直径分别为
110mm 和 125mm,草图完全定义后单击"退出草图"图标,完成草图,并退出草图绘制
环境。

(11)拉伸切除实体。单击"特征"工具栏中的"拉伸切除"图标,在弹出的"切除−拉
伸"属性管理器中设置拉伸切除参数,方向为"两侧对称",注意勾选"反侧切除",如
图 4-169 所示。单击"确定"图标✅,完成拉伸切除,效果如图 4-170 所示。

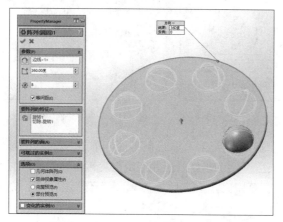

图 4-167　圆周阵列参数设置

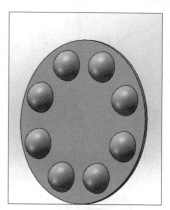

图 4-168　圆周阵列后效果

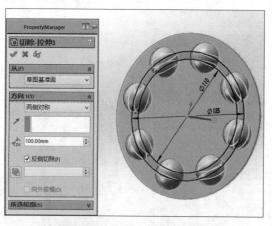

图 4-169　拉伸切除参数设置

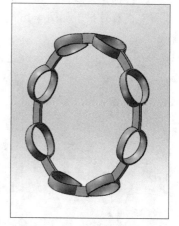

图 4-170　拉伸切除后效果

至此,保持架的建模就完成了。接下来通过"材料"对话框赋予保持架"铸造不锈钢"材
质。单击"保存"图标,将零件保存为"保持架 .sldprt"。

保持架的最终效果如图 4-171 所示,从"FeatureManager 设计树"中可以清晰地看到整个
零件的建模过程。

4. 创建滚珠

(1)新建文件。单击"新建"图标,在弹出的对话框中双击"零件"图标,或单

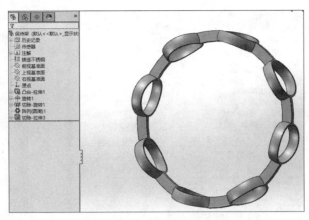

图 4-171　保持架最终效果

击"零件"图标后单击"确定"按钮，新建一个零件文件。

（2）绘制草图。在"前视基准面"绘制如图 4-172 所示的半圆，半径为 14mm，草图完全定义后单击"退出草图"图标🔧，完成草图，并退出草图绘制环境。

（3）旋转实体。单击"特征"工具栏中的"旋转凸台/基体"图标🌼，选择草图中的竖直中心线为旋转轴，在弹出的"旋转"属性管理器中设置参数如图 4-173 所示，单击"确定"图标✅，得到旋转实体，如图 4-174 所示。

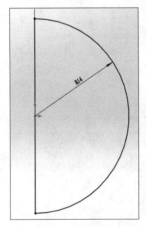

图 4-172　旋转草图　　图 4-173　设置旋转参数　　图 4-174　得到旋转实体

（4）设置材质。通过"材料"对话框赋予保持架"合金钢"材质。单击"保存"图标💾，将零件保存为"滚珠 . sldprt"。

5. 轴承装配

轴承的各个零件建模完成后，就需要把各个零件装配在一起了。其装配过程如下：

（1）新建文件。单击"新建"图标🗋，在弹出的对话框中双击"装配体"图标🖳，或单击"装配体"图标后单击"确定"按钮，新建一个装配体文件。

（2）插入零部件。单击"装配体"工具栏中的"插入零部件"图标🖳，在弹出的"插入零部件装配体"属性管理器中单击"浏览"按钮，弹出"打开"对话框，选择"轴承内外圈 . sldprt"如图 4-175 所示，然后单击"打开"按钮（图 4-176）。

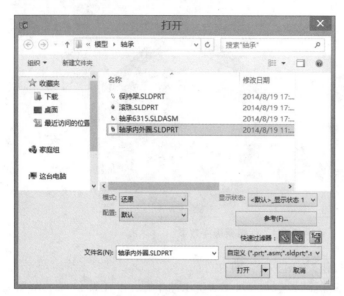

图 4-175　插入零部件

图 4-176　"打开"对话框

（3）固定轴承内外圈。此时，被打开的"轴承内外圈"模型会显示在绘图区，利用鼠标拖动零部件到原点，使零件"轴承内外圈"的原点与新装配体的原点重合，并将其固定，此时模型如图 4-177 所示。在"FeatureManager 设计树"中可以看到"轴承内外圈"显示"固定"，如图 4-178 所示。

（4）插入保持架。单击"装配体"工具栏中的"插入零部件"图标，在弹出的"插入零部件装配体"属性管理器中单击"浏览"按钮，弹出"打开"对话框，选择"保持架 .sldprt"，然后单击"打开"按钮，将"保持架"插入到装配体的任意位置。

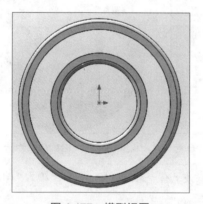

图 4-177　模型视图

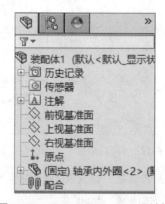

图 4-178　FeatureManager 设计树

（5）插入滚珠。用同样的方法将"滚珠"插入到装配体的任意位置。

（6）添加配合关系。

①单击"装配体"工具栏中的"配合"图标，弹出"配合"属性管理器，在绘图区中选择"保持架"的一个孔内壁以及"滚珠"的表面，配合方式选择"标准配合"中的"同轴心"，然后单击"确定"按钮，"滚珠"与"保持架配合完成"，如图 4-179 所示。

②单击"装配体"工具栏中的"配合"图标，弹出"配合"属性管理器，在绘图区中选择"轴承外圈"的圆柱面以及"保持架"的外圆面，如图 4-180 所示，配合方式选择"标准配合"

图 4-179 滚珠与保持架的配合

图 4-180 同轴心面选择

中的"同轴心" ，然后单击"确定"按钮，使得"保持架"与"轴承内外圈"同轴心，如图 4-181 所示。

③单击"装配体"工具栏中的"配合"图标，弹出"配合"属性管理器，配合类型选择"高级配合"中的"宽度"，在"宽度选择"框中选择"轴承外圈"的两个端面，"薄片选择"中选择保持架的两个端面，如图 4-182 所示。

④单击"装配体"工具栏中的"圆周阵列零部件"图标 圆周零部件阵列，阵列轴选一条"轴承外圈"的边线，要阵列的零部件选"滚珠"，阵列个数 8 个，勾选等间距，如图 4-183 所示，设置完成后单击"确定"按钮，完成阵列，效果如图 4-184 所示。

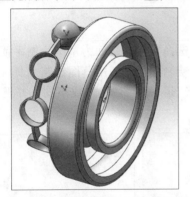

图 4-181 轴承内外圈与保持架同轴心

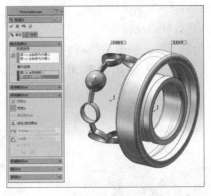

图 4-182 宽度配合

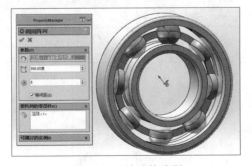

图 4-183 滚珠的阵列

图 4-184 完成后效果

⑤保存文件。单击"保存"按钮，将零件保存为"轴承 6315. sldasm"。至此，整个轴承绘制完毕。

实训任务四   纹杆式脱粒滚筒纹杆三维设计

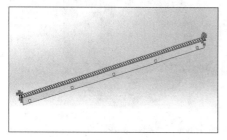

图 4-185   纹杆

本实训任务要完成如图 4-185 所示的纹杆式滚筒纹杆的三维建模设计。纹杆式滚筒有较好的脱粒分离性能，稿草断碎较少，对多种作物有较好的适应性，尤其适应麦类作物，加之结构简单，故应用最为广泛。其建模过程如图 4-186 所示，具体流程如下：

1. 创建拉伸特征

（1）新建文件。启动 Solidworks2018，单击"新建"图标 📄，在弹出的对话框中双击"零件"图标 🔧，或单击"零件"图标后单击"确定"按钮，新建一个零件文件。

（2）绘制拉伸草图。在设计树中选择"前视基准面"为草图绘制平面，单击"草图"工具栏中的"草图绘制"图标 ✍，进入草图绘制环境。利用草图绘制工具，绘制如图 4-187 所示尺寸的草图轮廓。草图完全定义后单击"退出草图"，完成草图，并退出草图环境。

（3）创建拉伸特征。单击"特征"工具栏中的"拉伸凸台/基体"，在弹出的属性管理器中选择拉伸轮廓为上一步所画草图，在方向 1 上选择深度为 1190mm，如图 4-188 所示。单击"确定"图标 ✅，生成拉伸特征。

2. 创建纹杆凸纹特征

（1）绘制草图。单击拉伸得到的实体的平面，选择实体一平面为草图绘制平面，单击"草图"工具栏中的"草图绘制"图标 ✍，进入草图绘制环境。利用草图绘制工具，绘制如图 4-189 所示尺寸的草图轮廓。草图完成以后单击"退出草图"，完成草图，并退出草图环境。

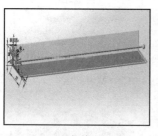

(a)拉伸

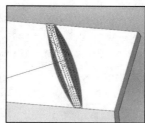

(b)放样

(c)线性阵列

(d)拉伸切除

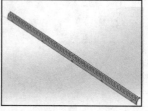

(e)线性阵列

图 4-186   纹杆建模过程

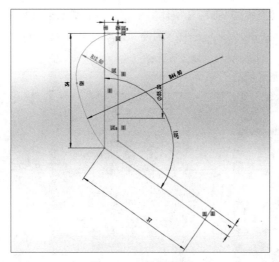

图 4-187 绘制草图

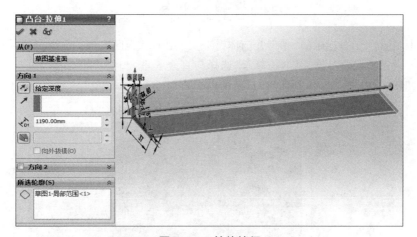

图 4-188 拉伸特征

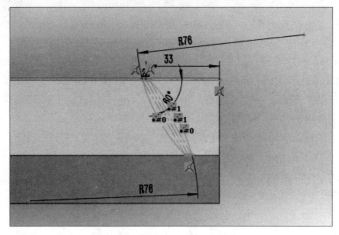

图 4-189 绘制草图

①单击"特征"工具栏中的"参考几何体"图标 中的基准面选项，在弹出的"基准面"属性管理器中设置基准面参数，"第一参考"选择与面<1>距离为 9mm。如图 4-190 所示，得到新建的"基准面 1"。

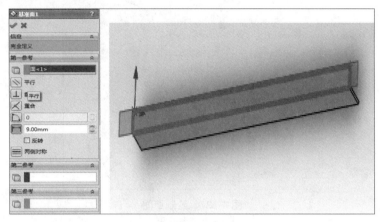

图 4-190　新建"基准面 1"

②单击"特征"工具栏中的"参考几何体"图标 中的基准面选项，在弹出的"基准面"属性管理器中设置基准面参数，"第一参考"选择与直线 5 重合 ，"第二参考"选择与面<1>垂直 。如图 4-191 所示，得到新建的"基准面 2"。

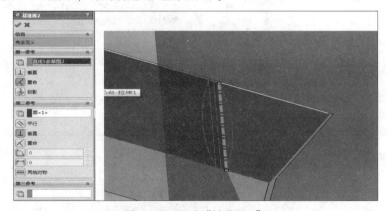

图 4-191　新建"基准面 2"

③单击"特征"工具栏中的"参考几何体"图标 中的基准面选项，在弹出的"基准面"属性管理器中设置基准面参数，"第一参考"选择与面<1>垂直 ，"第二参考"选择与直线 6 重合 。如图 4-192 所示，得到新建的"基准面 3"。

（2）绘制放样草图。设计树中选择上一步的"基准面 2"为草图绘制平面，单击"草图"工具栏中的"草图绘制"图标 ，进入草图绘制环境。利用草图绘制工具，绘制如图 4-193 所示尺寸的草图轮廓(图中的 0.42mm 表示圆弧端点与实体边线的距离；两段圆弧之间的位置关系为相切)。草图完成以后单击"退出草图"，完成草图 5，并退出草图环境。

☆以相同的方法在基准面 3 中也绘制相同尺寸和位置的草图 6。

（3）创建放样特征。单击"特征"工具栏中的"曲面放样" ，在弹出的属性管理器中选择拉伸轮廓为以上所绘制的草图 6 和草图 5，如图 4-194 所示。单击"确定"图标 ，生成放样特征。

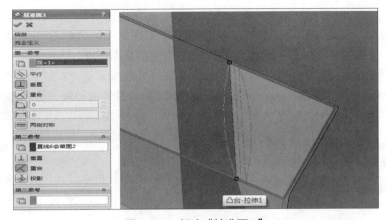

图 4-192　新建"基准面 3"

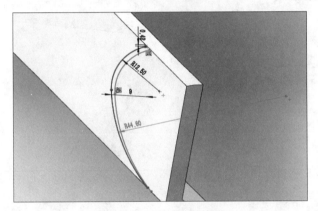

图 4-193　绘制放样草图

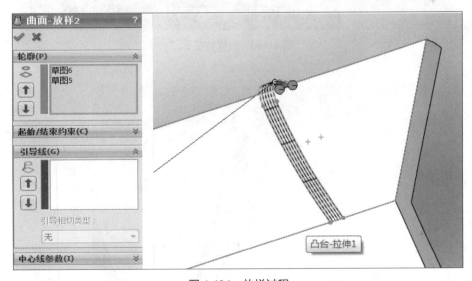

图 4-194　放样过程

　　(4)绘制放样草图。选择实体平面为草图绘制平面，单击"草图"工具栏中的"草图绘制"图标，进入草图绘制环境。利用草图绘制工具，绘制如图 4-195 所示尺寸的草图轮廓，

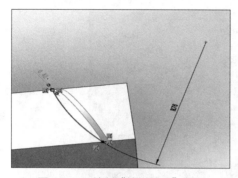

图 4-195 绘制"放样特征"草图

圆弧一端点与实体边界距离为 0.42mm，另一侧与实体重合。草图完成以后单击"退出草图"，完成草图 7，并退出草图环境。

（5）创建放样特征 1。单击"特征"工具栏中的"曲面放样"，在弹出的属性管理器中选择拉伸轮廓为刚才所画草图 7 和边线<1>，如图 4-196 所示。单击"确定"图标，生成放样特征（曲面实体<1>）。

以相同的方法获得另外一侧的放样特征（曲面实体<2>），如图 4-197 所示。

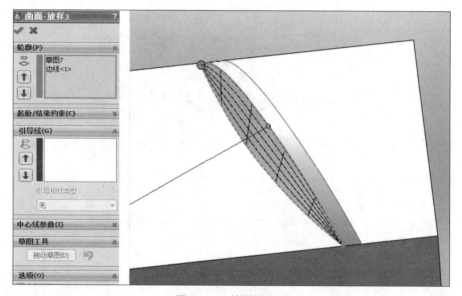

图 4-196 放样特征 1

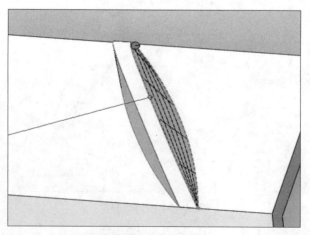

图 4-197 放样特征 2

（6）创建放样特征 2。单击"特征"工具栏中的"曲面放样"，在弹出的属性管理器中选择拉伸轮廓为曲面实体<1>和曲面实体<2>，如图 4-198 所示。单击"确定"图标，生成放样特征。

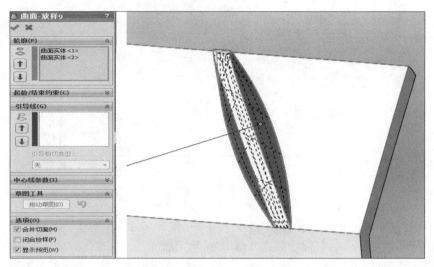

图 4-198　创建放样特征

3. 线性阵列凸纹特征

（1）线性阵列凸纹特征。单击"特征"工具栏中的"线性阵列"图标中的"线性阵列"，在弹出的"线性阵列"属性管理器中设置参数，方向 1 中选择"边线<1>"，份数选择为 2，距离为 13.9mm；方向 2 中选择"边线<1>"，份数选择为 84，距离为 13.9mm。如图 4-199 所示。单击"确定"图标，完成线性阵列，效果如图 4-199 所示。

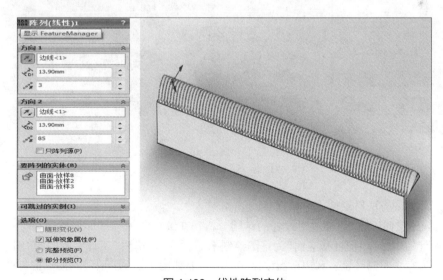

图 4-199　线性阵列实体

（2）拉伸切除。由于线性阵列后的实体，在纹杆的两端均超过了纹杆的尺寸，因此需要利用拉伸切除来修剪。在设计树中选择"上视基准面"为草图绘制平面，单击"草图"工具栏中的"草图绘制"图标 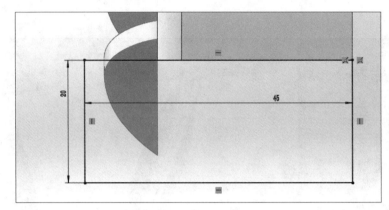，进入草图绘制环境。利用草图绘制工具，绘制如图 4-200 所示尺寸的草图轮廓。草图完成以后单击"退出草图"，完成草图，并退出草图环境。

图 4-200　绘制拉伸切除草图

（3）创建拉伸切除 1。单击"特征"工具栏中的"拉伸切除"图标 ▣，在弹出的"切除拉伸"属性管理器中设置拉伸切除参数，方向 1 为"给定深度"，"深度"为"40"，所选轮廓为上一步所绘矩形，如图 4-201 所示。单击"确定"图标 ✅，完成拉伸切除，效果如图 4-201 所示。

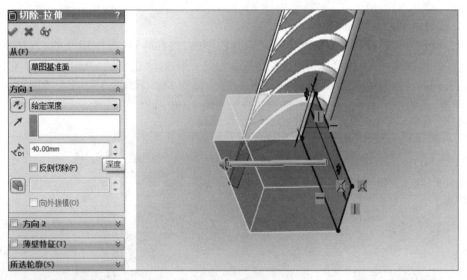

图 4-201　拉伸切除

☆以相同的方法对纹杆另一侧进行裁剪。

（4）创建拉伸切除 2。通过对纹杆的结构分析，在纹杆的另一端面仍然需要进行拉伸切除。在设计树中选择"前视基准面"为草图绘制平面，单击"草图"工具栏中的"草图绘制"图标 ▣，进入草图绘制环境。利用草图绘制工具，绘制如图 4-202 所示尺寸的草图轮廓，长为 4mm，圆弧半径为 12.5mm。草图完成以后单击"退出草图"，完成草图，并退出草图环境。单击"特征"工具栏中的"拉伸切除"图标 ▣，在弹出的"切除拉伸"属性管理器中设置拉伸切除参数，"方向 1"选择"给定深度"，"深度"为"2000"，所选轮廓为上一步所画草图，如图 4-203 所示。单击"确定"图标 ✅，完成拉伸切除，效果如图 4-203 所示。

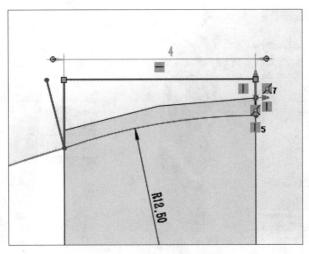

图 4-202　绘制拉伸切除草图

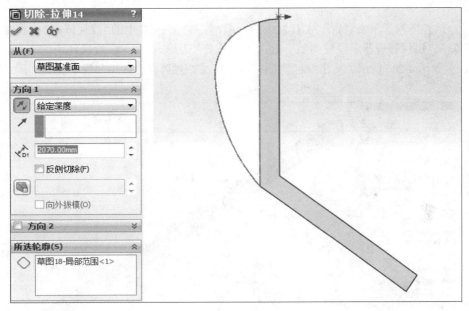

图 4-203　拉伸切除

（5）单击纹杆平面草图绘制平面，单击"草图"工具栏中的"草图绘制"图标，进入草图绘制环境。利用草图绘制工具，绘制如图 4-204 所示尺寸的草图轮廓，包括边长为 13mm 的正方形。草图完成以后单击"退出草图"，完成草图，并退出草图环境。

（6）创建拉伸切除。单击"特征"工具栏中的"拉伸切除"图标，在弹出的"切除拉伸"属性管理器中设置拉伸切除参数，"方向 1"选择"给定深度"，"深度"为"20"，所选轮廓为上一步所画草图正方形，如图 4-204 所示。单击"确定"图标，完成拉伸切除，效果如图 4-205 所示。

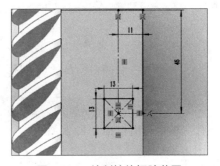

图 4-204　绘制拉伸切除草图

图 4-205　拉伸切除

（7）线性阵列。单击"特征"工具栏中的"线性阵列"图标 ▦ 中的"线性阵列"，在弹出的"线性阵列"属性管理器中设置参数，方向 1 中选择"边线<1>"，份数选择为"5"，距离为275mm，如图 4-206 所示。单击"确定"图标 ✔，完成线性阵列，效果如图 4-206 所示。

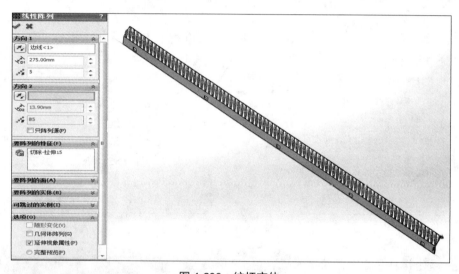

图 4-206　纹杆实体

实训任务五　上球座三维设计

本实训任务是完成如图 4-207 所示的谷物联合收获机割台上搅龙扒指部分的上球座设计。主要利用扫描切除和抽壳完成，其造型效果如图 4-208 所示，其三维建模过程如图 4-209 所示。

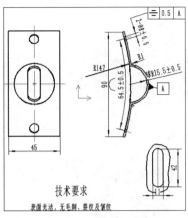

图 4-207　上球座工程图

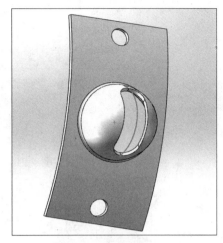

图 4-208　上球座造型图

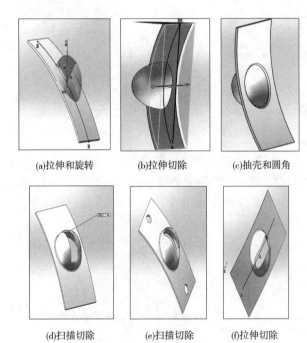

(a)拉伸和旋转　　　　(b)拉伸切除　　　　(c)抽壳和圆角

(d)扫描切除　　　　(e)扫描切除　　　　(f)拉伸切除

图 4-209　建模过程

1. 拉伸和旋转

（1）新建文件。启动 Solidworks2018，单击"新建"图标 ，在弹出的对话框中双击"零件"图标 ，或单击"零件"图标后单击"确定"按钮，新建一个零件文件。

（2）绘制拉伸草图。在设计树中选择"前视基准面"为草图绘制平面，单击"草图"工具栏中的"草图绘制"图标 ，进入草图绘制环境。利用草图绘制工具，绘制如图 4-210 所示尺寸的草图轮廓。草图完全定义后单击"退出草图"，完成草图，并退出草图环境。

（3）创建拉伸特征。单击"特征"工具栏中的"拉伸凸台/基体"，在弹出的属性管理器中选择拉伸轮廓为上一步所画草图，在"方向 1"和"方向 2"上分别选择深度为"22.5"，如图 4-211 所示。单击"确定"图标 ，生成拉伸特征，如图 4-212 所示。

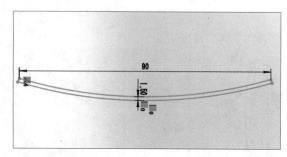

图 4-210　绘制拉伸草图

图 4-211　拉伸参数设置

图 4-212　生成拉伸特征

（4）绘制旋转草图。在设计树中选择"前视基准面"为草图绘制平面，单击"草图"工具栏中的"草图绘制"图标 ，进入草图绘制环境。利用草图绘制工具，绘制如图 4-213 所示尺寸的草图轮廓。草图完全定义后单击"退出草图"，完成草图，并退出草图环境。

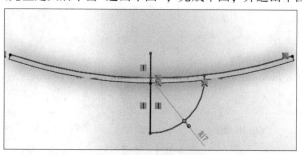

图 4-213　绘制旋转草图

（5）创建旋转特征。单击"特征"工具栏中的"旋转凸台/基体"命令，在弹出的属性管理器中设置旋转轴为草图中绘制的直线，选择类型为"给定深度"，在"角度"文本框中输入"360"，如图 4-214 所示。单击"确定"图标 ，生成旋转特征，如图 4-215 所示。

2. 拉伸切除

（1）绘制拉伸草图。根据零件的几何形状，需要对上一步所得到的实体进行拉伸切除后才能得到所需要的实体。设计树中选择"前视基准面"为草图绘制平面，单击"草图"工具栏中的"草图绘制"图标 ，进入草图绘制环境。利用草图绘制工具，绘制如图 4-216 所示尺寸的草图轮廓。草图完全定义后单击"退出草图"，完成草图，并退出草图环境。

图 4-214　选择参数设置

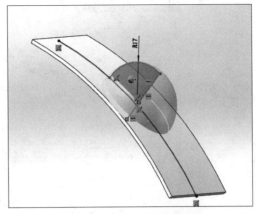

图 4-215　生成旋转特征

（2）创建拉伸切除。单击"特征"工具栏中的
"拉伸切除"图标 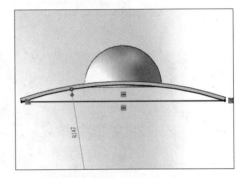，在弹出的"切除拉伸"属性
管理器中设置拉伸切除参数，"方向 1"为"给定
深度"，"深度"为"22.5"，"方向 2"为"给定深
度"，"深度"为"22.5"。在"方向 1"和"方向 2"
中所选轮廓为上一步所画草图，如图 4-217 所
示。单击"确定"图标 ，完成拉伸切除，效果
如图 4-217 所示。

图 4-216　草图绘制

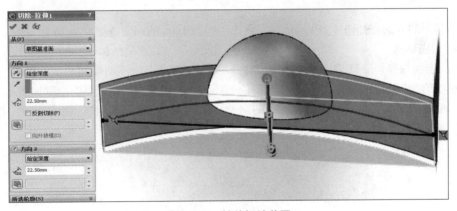

图 4-217　拉伸切除草图

3. 抽壳和圆角

（1）创建抽壳特征。单击"特征"工具栏中的"抽壳"图标 ，在弹出的"抽壳"属性管理
器中设置抽壳参数，厚度为 1.5mm，面选择曲面的内表面。单击"确定"图标 ，完成抽壳，
效果如图 4-218 所示。

（2）创建圆角特征。单击"特征"工具栏中的"圆角"图标 ，在弹出的"圆角"属性管理
器中设置圆角参数，半径输入为 1mm，选择边线。单击"确定"图标 ，完成圆角，效果如
图 4-219 所示。

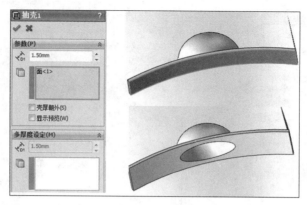

图 4-218　抽壳

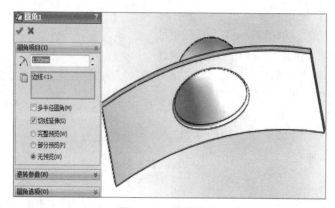

图 4-219　生成圆角

用相同的方法在如图 4-219 所示位置完成半径为 1mm 的圆角特征。

4. 扫描切除

(1)绘制扫描切除草图。在设计树中选择"前视基准面"为草图绘制平面，单击"草图"工具栏中的"草图绘制"图标 ，进入草图绘制环境。利用草图绘制工具，绘制如图 4-220 所示尺寸的草图轮廓，得到一段圆弧。草图完全定义后单击"退出草图"，完成草图，并退出草图环境。

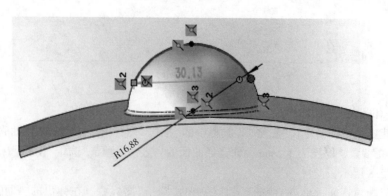

图 4-220　草图绘制

（2）单击"特征"工具栏中的"参考几何体"图标 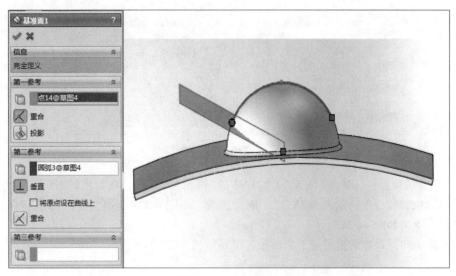 中的基准面选项，在弹出的"基准面"属性管理器中设置基准面参数，"第一参考"选择与本步骤中圆弧端点重合 ⏺，"第二参考"选择与圆弧垂直 ⊥，垂足为端点，如图 4-221 所示。得到新建的基准面 1。

图 4-221 创建基准面

（3）设计树中选择上一步新建的"基准面 1"为草图绘制平面，单击"草图"工具栏中的"草图绘制"图标 ，进入草图绘制环境。利用草图绘制工具，绘制如图 4-222 所示尺寸的草图轮廓，画矩形其长为 11mm 宽为 6mm，矩形中心为"基准面 1"与曲面的垂点（圆弧端点）。草图完全定义后单击"退出草图"，完成草图，并退出草图环境。

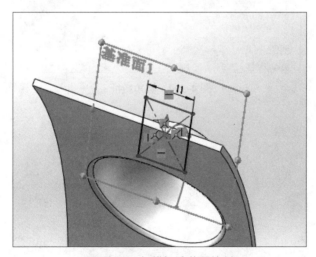

图 4-222 扫描切除草图绘制

（4）创建扫描切除。单击"特征"工具栏中的"扫描切除"图标 ，在弹出的"切除-扫描 1"属性管理器中设置切除扫描参数，轮廓选择为上一步所画矩形，扫描路径为（1）中所画圆弧。单击"确定"图标 ✔，完成扫描切除，效果如图 4-223 所示。

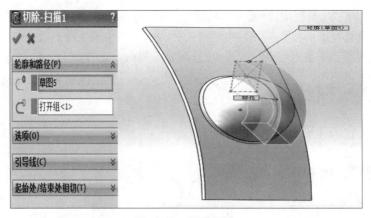

图 4-223 扫描切除

（5）创建圆角特征。单击"特征"工具栏中的"圆角"图标 ，在弹出的"圆角"属性管理器中设置圆角参数，半径输入为"5.5"，选择边线，如图 4-223 所示。单击"确定"图标 ，完成圆角，效果如图 4-224 所示。

☆用以上相同操作做出另外三个圆角，得到如图 4-225 所示几何体。

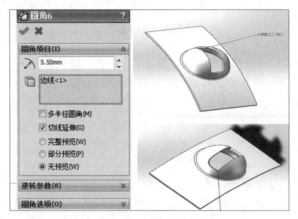

图 4-224 圆角特征

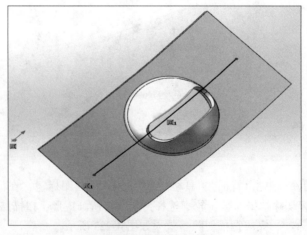

图 4-225 圆角造型结果

5. 拉伸切除

（1）绘制拉伸草图。在设计树中选择"前视基准面"为草图绘制平面，单击"草图"工具栏中的"草图绘制"图标 ，进入草图绘制环境。利用草图绘制工具，绘制如图 4-226 所示尺寸的草图轮廓。草图完全定义后单击"退出草图"，完成草图，并退出草图环境。

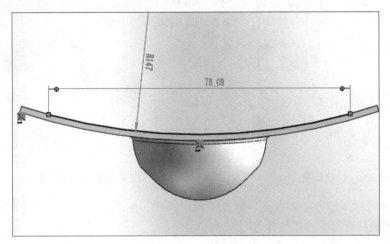

图 4-226　绘制草图

（2）单击"特征"工具栏中的"参考几何体"图标 中的基准面选项，在弹出的"基准面"属性管理器中设置基准面参数，"第一参考"选择与本步骤中圆弧端点重合 ，"第二参考"选择与曲面外表面相切 ，如图 4-227 所示。得到新建的基准面。

（3）设计树中选择上一步新建的"基准面"为草图绘制平面，单击"草图"工具栏中的"草图绘制"图标 ，进入草图绘制环境。利用草图绘制工具，绘制如图 4-228 所示尺寸的草图轮廓，画直径为 8mm 的圆，圆心为基准面与曲面的切点（圆弧端点）。草图完全定义后单击"退出草图"，完成草图。

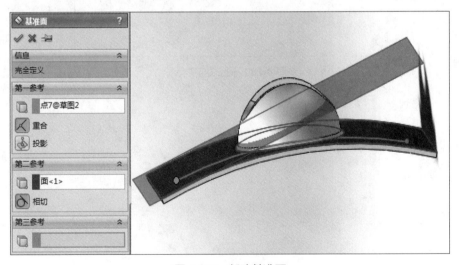

图 4-227　新建基准面

（4）创建拉伸切除。单击"特征"工具栏中的"拉伸切除"图标 ▣，在弹出的"切除拉伸"属性管理器中设置拉伸切除参数，"方向1"为"给定深度"，"深度"为"22.5"，所选轮廓为上一步所画圆，如图4-229所示。单击"确定"图标 ✔，完成拉伸切除，效果如图4-229所示。

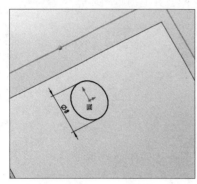

图 4-228　绘制草图

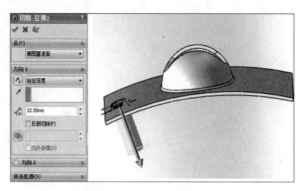

图 4-229　拉伸切除

由以上相同的操作方法，在另一侧拉伸相同的孔，使之位置对称、尺寸相同。得到如图4-230所示最终所需要的几何体。

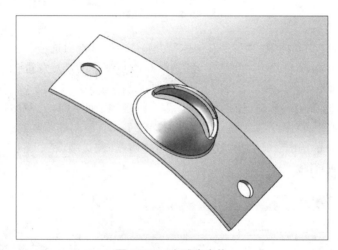

图 4-230　上球座实体

项目 5　典型农业机械装配体三维设计

5.1　收割机割台螺旋输送扒指机构设计

　　谷物收割机割台的螺旋输送扒指机构其功能为利用旋转的螺旋叶片将收获的谷物推送到过桥部位，可伸缩的偏心扒指机构将作物输送到过桥，谷物通过输送链再喂入脱粒部位，其结构如图 5-1 所示。

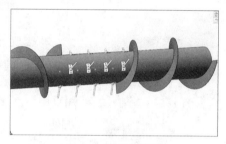

图 5-1　螺旋输送机构

　　图 5-1 螺旋输送机构的特点是结构简单、制造简单，目前被广泛应用于各种收获机械上，其三维设计过程如图 5-2 所示，具体步骤如下：

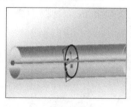
（a）拉伸

（b）扫描

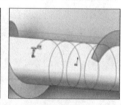
（c）拉伸切除

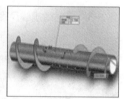
（d）线性阵列

图 5-2　螺旋输送扒指机构造型过程

1. 搅龙筒体设计

　　(1)新建文件。启动 Solidworks 2018，单击"新建"图标　，在弹出的对话框中双击"零件"图标　，或单击"零件"图标后单击"确定"按钮，新建一个零件文件。

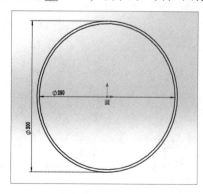

图 5-3　筒体草图

　　(2)绘制拉伸草图。在设计树中选择"右视基准面"为草图绘制平面，单击"草图"工具栏中的"草图绘制"图标　，进入草图绘制环境。利用草图绘制工具，绘制如图 5-3 所示尺寸的草图轮廓。草图完成以后单击"退出草图"，完成草图，并退出草图环境。

　　(3)创建拉伸特征。单击"特征"工具栏中的"拉伸凸台/基体"，在弹出的属性管理器中选择拉伸轮廓为上一步所画草图，在方向 1 和方向 2 上分别选择深度为 1270mm，如图 5-4 所示。单击"确定"图标　，生成拉伸特征。

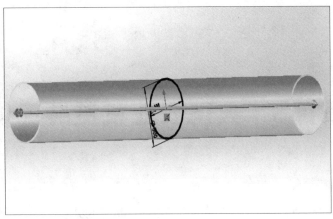

图 5-4　拉伸造型

图 5-5　绘制螺旋线草图

2. 螺旋叶片设计

（1）绘制扫描路径。选择实体一侧面为草图绘制平面，单击"草图"工具栏中的"草图绘制"图标 ，进入草图绘制环境。利用草图绘制工具，绘制如图 5-5 所示尺寸的草图轮廓，直径为 300mm 的圆。草图完成以后单击"退出草图"，完成草图，并退出草图环境。

单击"特征"工具栏中的"曲线"图标 ，单击螺旋线，在弹出的属性管理器中输入螺旋线参数螺距为 460mm，圈数为 2，起始角度为 135°，顺时针。如图 5-6 所示，得到一条螺旋线。

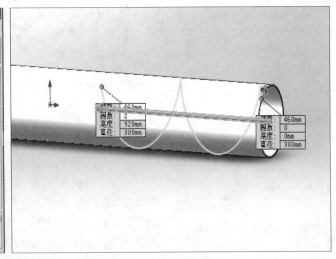

图 5-6　设置螺旋线参数

单击"特征"工具栏中的"参考几何体"图标 中的基准面选项，在弹出的"基准面"属性管理器中设置基准面参数，"第一参考"选择与螺旋线端点重合 ，"第二参考"选择与螺旋线垂直 ，垂足为端点。如图 5-7 所示，得到新建的基准面。

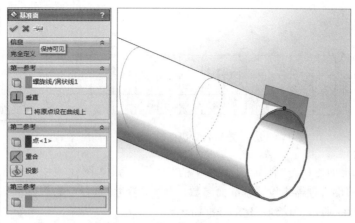

图 5-7　新建基准面

（2）设计树中选择上一步新建的"基准面"为草图绘制平面，单击"草图"工具栏中的"草图绘制"图标 ⤵，进入草图绘制环境。利用草图绘制工具，绘制如图 5-8 所示尺寸的草图轮廓，画矩形其长为 10mm，宽为 3mm。草图完成以后单击"退出草图"，完成草图，并退出草图环境。

（3）创建扫描。单击"特征"工具栏中的"扫描"图标 ⟲，在弹出的"扫描"属性管理器中设置扫描参数，轮廓选择为步骤（2）所画矩形，扫描路径为螺旋线。单击"确定"图标 ✅，完成扫描切除，效果如图 5-9 所示。

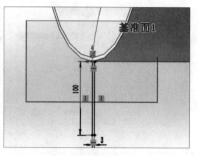

图 5-8　绘制扫描草图

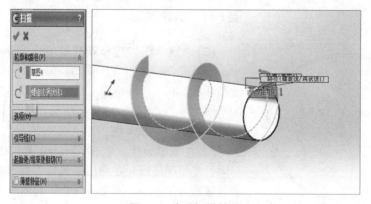

图 5-9　生成扫描特征

☆用相同的方法画出另一侧的搅龙叶片，此时螺旋线的旋向为逆时针，螺距为 460，圈数为 2，起始角度为 180°，得到如图 5-10 所示几何体。

3. 扒指孔造型

根据谷物联合收获机的扒指排布特点，可得到扒指的分布，如图 5-11 所示，扒指的分布总宽度为 720mm。

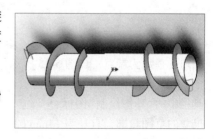

图 5-10　螺旋输送器实体

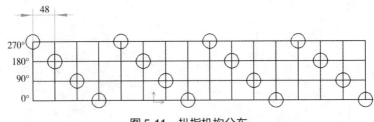

图 5-11　扒指机构分布

(1)建立基准面。单击"特征"工具栏中的"参考几何体"图标 ✦ 中的基准面选项，在弹出的"基准面"属性管理器中设置基准面参数，"第一参考"选择与右视基准面平行，距离为360mm。如图 5-12 所示，得到新建的基准面。

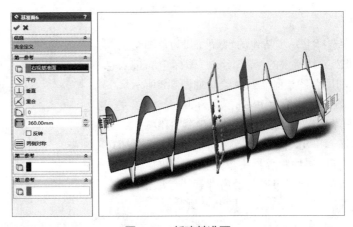

图 5-12　新建基准面

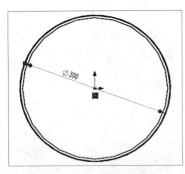

图 5-13　绘制螺旋线草图

(2)绘制草图。选择新建基准面为草图绘制平面，单击"草图"工具栏中的"草图绘制"图标 ❏，进入草图绘制环境。利用草图绘制工具，绘制如图 5-13 所示尺寸的草图轮廓，直径为 300mm 的圆。草图完成以后单击"退出草图"，完成草图，并退出草图环境。

(3)绘制螺旋线。单击"特征"工具栏中的"曲线"图标 ⟲，单击螺旋线，在弹出的属性管理器中输入螺旋线参数螺距为192mm，圈数为 3.75，起始角度为0°，顺时针方向。如图 5-14 所示，得到一条螺旋线。

(4)新建基准面。单击"特征"工具栏中的"参考几何体"图标 ✦ 中的基准面选项，在弹出的"基准面"属性管理器中设置基准面参数，"第一参考"选择与螺旋线端点重合 ⟀，"第二参考"选择与曲面相切，垂足为端点。如图 5-15 所示，得到新建的基准面。

(5)绘制草图。设计树中选择步骤(4)新建的"基准面"为草图绘制平面，单击"草图"工具栏中的"草图绘制"图标 ❏，进入草图绘制环境。利用草图绘制工具，绘制如图 5-16 所示尺寸的草图轮廓，直径为 14mm 圆。草图完成以后单击"退出草图"，完成草图，并退出草图环境。

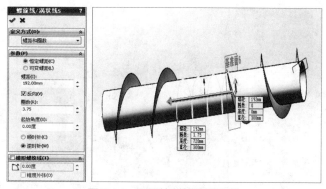

图 5-14　设置绘制螺旋线参数

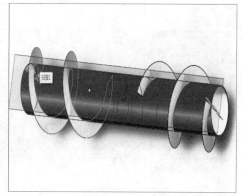

图 5-15　新建基准面

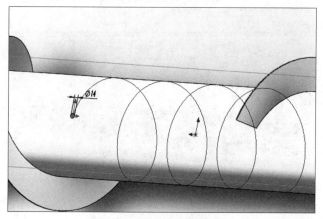

图 5-16　绘制拉伸切除草图

（6）创建拉伸切除特征。单击"特征"工具栏中的"拉伸切除"图标，在弹出的"切除拉伸"属性管理器中设置拉伸切除参数，"方向 1"为"给定深度"，"深度"为"10"，所选轮廓为步骤（5）所画圆，如图 5-17 所示。单击"确定"图标，完成拉伸切除，效果如图 5-17 所示。

（7）线性阵列特征。单击"特征"工具栏中的"线性阵列"图标中的"曲线驱动的阵列"，在弹出的"曲线驱动的阵列"属性管理器中设置参数，方向选择螺旋线"边线（1）"，份数选择 16，等间距，与曲线相切，面法线选择为圆柱曲面（面 1），阵列特征为上一步的拉伸切除。单击"确定"图标，完成拉伸切除，效果如图 5-18 所示。

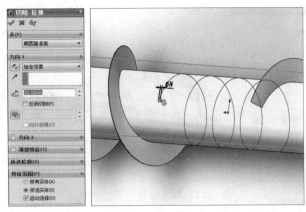

图 5-17   拉伸切除

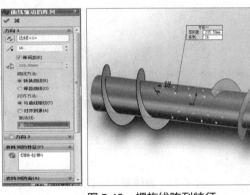

图 5-18   螺旋线阵列特征

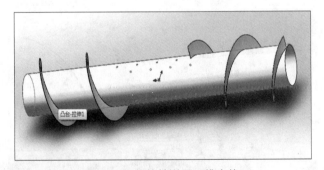

图 5-19   螺旋输送器三维实体

得到最终所需实体零件如图 5-19 所示。

5.2   玉米播种机三维设计

播种机是农业生产中较常用、关键的农机具之一。随着保护性耕作技术在黄淮海小麦玉米轮作区的推广，市场急需能在秸秆还田条件下完成复式作业的高效率播种机。为此编者在完成国家"十二五"支撑计划项目的过程中，研发了集免耕、施肥、播种、喷药等多功能于一体的新型播种机，本节就以所研制的如图 5-20 所示的 2BYM-8 型玉米精量播种机为例，来介绍复杂农业机械的建模及三维样机装配方法。

如图 5-20 所示，玉米播种机是一种比较复杂的装配体，由很多的零部件组成，这种机械在建模时一般就是先将一部分零件装成小的装配体，然后再把小的装配体组装成总装配体。从整体上看，该折叠式玉米播种机由三大部分组成：中间部分、左侧部分以及右侧部分，如图 5-21 所示。而中间部分依然很复杂，可以把中间部分再分成六大部分：肥箱、机架、地轮总成、变速箱、播种单体和施肥单体，如图 5-22 所示。两侧的部分同样可

图 5-20　2BYM-8 型玉米免耕播种机

以分成几个大的部分。分好之后就可以先把零件组装成这些小装配体，如图 5-23 所示。然后再把这些装配体一级一级地装配起来，最后形成整个播种机。

图 5-21　整机的三个部分

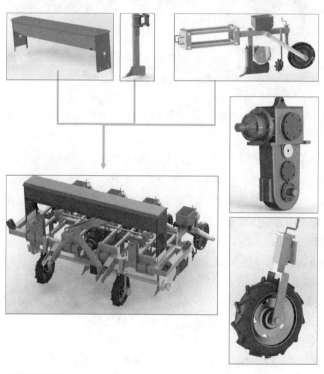

图 5-22　中间部分建模过程

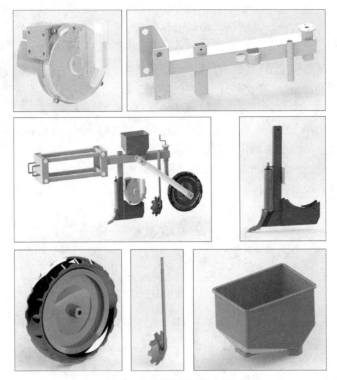

图 5-23　播种单体的组装

由于播种机零件较多，且前面的实例已详细介绍了绘制零件图的方法，本实例重点介绍大型装配体的装配过程。

（1）新建文件。单击"新建"图标 🗋，在弹出的对话框中双击"装配体"图标 🗐 零件和/或其它装配体的 3D 排列，或单击"装配体"图标后单击"确定"按钮，新建一个装配体文件。

（2）插入"后架"。单击"装配体"工具栏中的"插入零部件"图标 🗐，在弹出的"插入零部件装配体"属性管理器中单击"浏览"按钮，弹出"打开"对话框，在"八行四杆仿形播种机"文件夹中选择"后架.sldprt"，然后单击"打开"按钮。此时，被打开的"后架"模型会显示在绘图区，利用鼠标拖动零部件到原点，使零件"后架"的原点与新装配体的原点重合，并将其固定，此时模型如图 5-24 所示。

（3）插入"后支架装配单体"。用同样的方法插入"后支架装配单体.sldasm"，注意本部件是一个小的装配体，本装配体的装配过程此处不再赘述。

（4）添加配合关系。

①单击"装配体"工具栏中的"配合"图标 🖉，弹出"配合"属性管理器，在绘图区中选择"后架"的一个孔内壁以及"后支架装配单体"的轴管外表面，配合方式选择"标准配合"中的"同轴心" 🔘 同轴心(N)，然后单击"确定"按钮 ✔，"后架"与"后支架装配单体"同轴配合，如图 5-25 所示。

②单击"装配体"工具栏中的"配合"图标 🖉，弹出"配合"属性管理器，点开"高级配合"选择其中的"宽度" 🗐 宽度(I)，在宽度选择的"宽度选择"中选择"后架"槽钢的两个面，在"薄片选择"中选择"后支架装配单体"的两个对称面，如图 5-26 所示。

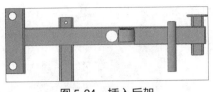

图 5-24　插入后架

图 5-25　同轴配合

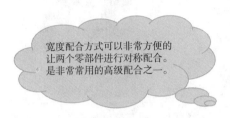

宽度配合方式可以非常方便的让两个零部件进行对称配合。是非常常用的高级配合之一。

图 5-26　宽度配合

③将子装配体设置为柔性。在设计树中单击"后支架装配单体"，在弹出的立即菜单中点击"柔性"图标，将该子装配体设置为柔性，设置后在设计树中子装配体前的图标由变。此步骤可以实现子装配体在总装配体中的运动，是大型装配体必须要设置的一步。

（5）插入"调整管"。用前面讲到的插入零部件的方法插入"调整管"，然后为其添加配合关系，用"同轴心"同轴心(N) 配合方式将"调整管"上的孔与"后支架"上的孔设置为同轴心，如图 5-27 所示。然后用"宽度"宽度(I) 配合方式将后支架上的两个挂耳与调整管的关系设置为调整管在两个挂耳中间位置，如图 5-28 所示。最后再用"宽度"配合方式将调整管与后架上的套管进行宽度配合，如图 5-29 所示。

图 5-27　同轴心配合

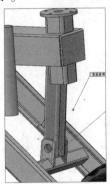

图 5-28　宽度配合

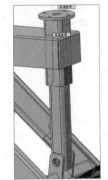

图 5-29　宽度配合

（6）插入"排种开沟器装配单体"。用前面讲到的插入零部件的方法插入"排种开沟器装配单体"，并为其添加配合关系。首先用"配合"命令下的"同轴心"同轴心(N) 把开沟器立柱上的圆孔与套管上的圆孔设置为同轴心，如图 5-30 所示；用"宽度"宽度(I) 配合方式把开沟器立柱固定在套管的中间，如图 5-31 所示。

（7）插入"种箱"。用上述插入零部件的方法将"种箱"插入到装配体中，并为其设置配合。首先，将"种箱"的下平面与"后架"的上平面设置为"重合" ⊠ 重合(Q)，如图 5-32 所示；然后将"种箱"出种孔的圆弧面与"后架"上的缺口处圆弧面设置为"同轴心" ◎ 同轴心(N)，如图 5-33 所示；最后，将"种箱"的前侧面与"后架"的竖直面设置为"平行" ◥ 平行(R)，如图 5-34 所示。

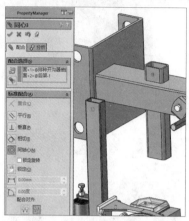

图 5-30　设置圆孔同轴心

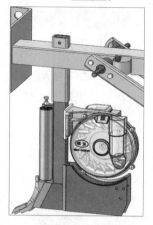

图 5-31　用宽度配合开沟器立柱

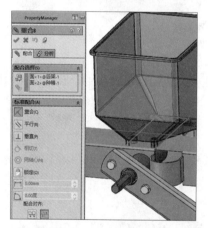

图 5-32　设置重合

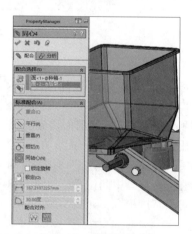

图 5-33　设置同轴心

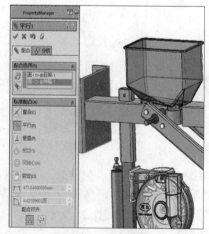

图 5-34　设置平行

（8）插入"强制覆土器"。用上述插入零部件的方法将"强制覆土器"插入到装配体中，并为其设置配合。首先将"强制覆土器"的立柱与"后架"上的圆管设置为"同轴心" ，并通过"配合对齐"方式下的"同向对齐"和"反向对齐"来调整使覆土器的缺口圆盘在下，如图 5-35 所示；然后把"强制覆土器"上的缺口圆盘背面的圆形平面与"后架"的侧面设置为"角度" 配合，并将角度值设置为 30 度，如图 5-36 所示；最后将"强制附图器"立柱的上端面与圆管的上端面设置为"距离" 配合，并将距离值设置为 50mm，如图 5-37 所示。

（9）插入"摇杆"。用上述插入零部件的方法将"摇杆"插入到装配体中，并为其设置配合。首先将"摇杆"的圆柱面与"后架"上的圆孔面设置为"同轴心" ，如图 5-38 所示。然后将"摇杆"圆柱面的上端面与"后架"圆环上面设置为"重合" ，如图 5-39 所示。

图 5-35　设置同轴心

图 5-36　设置角度

图 5-37　设置距离

图 5-38　设置同轴心

图 5-39　设置重合

（10）插入"圆盖"。用上述插入零部件的方法将"圆盖"插入到装配体中，并为其设置配合。首先将"圆盖"的下平面与"后架"圆环的上表面设置为"重合" ，如图 5-40 所示；然后将"圆盖"的内孔与"摇杆"的圆柱面设置为"同轴心" ，如图 5-41 所示。

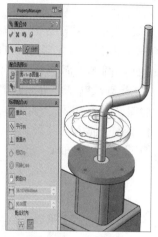

图 5-40　设置重合

图 5-41　设置同轴心

（11）插入"传动总成"。用上述插入零部件的方法将"传动总成"插入装配体中，并为其设置配合。首先将"传动总成"一端的锥齿轮外壳的圆柱面与地轮轴设置为"同轴心" ![同轴心(N)] ，如图 5-42 所示；然后用同样的方法将另一端与后支架的轴设置为"同轴心" ![同轴心(N)] ，如图 5-43 所示；最后将锥齿轮外壳的平面与"后支架"的平面设置为"重合" ![重合(C)] ，如图 5-44 所示。

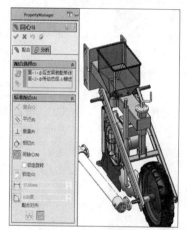

图 5-42　设置同轴心

图 5-43　设置同轴心

图 5-44　设置重合

（12）保存文件。单击"保存"图标 🖫 ，将零件保存为"播种单体 . sldasm"。

至此"播种单体"的装配图就完成了。然后再进行其他部分的建模并按照图 5-21 所示的结构一级一级地装配起来。

5.3　旋耕机刀轴三维设计

旋耕机是一种利用动力驱动刀轴旋转，对土壤进行耕、耙的耕整地机械。旋耕机凭借其碎土充分、耕后地表平整等特点被广泛应用。作为核心部件的弯刀，其在刀轴上的排列方式（图 5-45）是决定旋耕机性能的重要因素，它对功率的消耗和作业质量都有很大的影响。因此，本实例通过刀的分布规则主要介绍旋耕刀的装配方法。其基本装配步骤如图 5-46 所示。

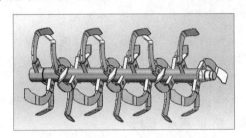

图 5-45　刀轴总装

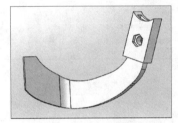

（a）刀和刀座的装配

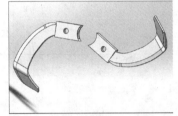

（b）同一轴面上的两把刀的定位

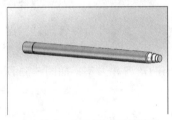

（c）轴头、花键套和轴管的装配

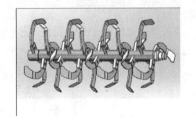

（d）刀和轴的装配

图 5-46　步骤概览

1. 弯刀和刀座装配

（1）新建文件。单击"新建"图标 ▢ ，在弹出的对话框中双击"装配体"图标 🗐 ，或单击"装配体"图标后单击"确定"按钮，新建一个装配体文件。

（2）插入"刀"。单击"装配体"工具栏中的"插入零部件"图标 🗐 ，在弹出的"插入零部件装配体"属性管理器中单击"浏览"按钮，弹出"打开"对话框，在文件夹中选择"刀 . sldprt"，然后单击"打开"按钮。利用鼠标拖动零部件到合适位置，如图 5-47 所示。

（3）插入"刀座"。用同样的方法插入"刀座 . sldprt"，如图 5-48 所示。

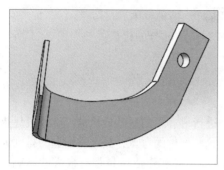

图 5-47   插入旋耕刀

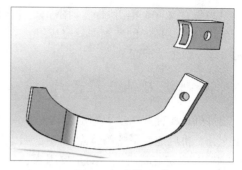

图 5-48   插入刀座

（4）添加配合关系。

①单击"装配体"工具栏中的"配合"图标🖉，弹出"配合"属性管理器，在绘图区中选择"刀"的一个孔内壁以及"刀座"的孔内壁，配合方式选择"标准配合"中的"同轴心"⚪同轴心(N)，然后单击"确定"按钮✔️，如图 5-49 所示。

②单击"装配体"工具栏中的"配合"图标🖉，弹出"配合"属性管理器，点开"平行"⬜，选择如图 5-50 所示两个面，单击"确定"按钮✔️。

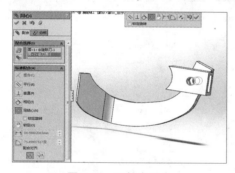

图 5-49   同轴心配合

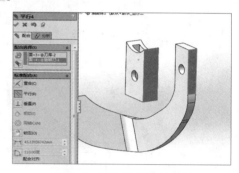

图 5-50   添加平行几何关系

③单击"装配体"工具栏中的"配合"图标🖉，弹出"配合"属性管理器，点开"重合"◥，选择如图 5-51 所示"刀座"的中心面和"刀"的中点，然后单击"确定"按钮✔️。

④用①至③相同的方法，可完成添加相反方向的弯刀和刀座，如图 5-52 所示。

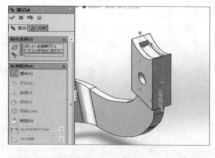

图 5-51   定位

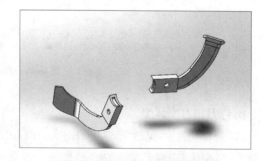

图 5-52   反方弯刀和刀座装配

（5）单击"装配体"工具栏中的"配合"图标🖉，弹出"配合"属性管理器，在绘图区中选择两个"刀座"的曲面，配合方式选择"标准配合"中的"同轴心"⚪同轴心(N)，然后单击"确定"按钮✔️，如图 5-53 所示。

（6）单击"装配体"工具栏中的"配合"图标，弹出"配合"属性管理器，点开"重合"，选择如图 5-54 所示两个"刀座"的面，然后单击"确定"按钮。

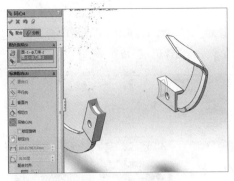

图 5-53　弯刀和刀座装配 1

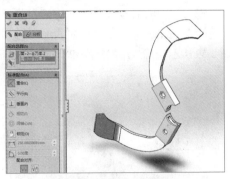

图 5-54　弯刀和刀座装配 2

（7）单击"装配体"工具栏中的"配合"图标，弹出"配合"属性管理器，点开"角度"，选择如图 5-55 所示两个"刀座"的面，输入角度为 210°。然后单击"确定"按钮。得到装配体 1，单击"保存"图标，将零件保存为"装配体 1. sldasm"。

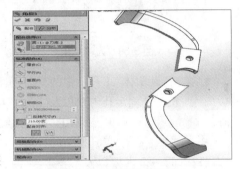

图 5-55　弯刀和刀座装配 3

2. 刀轴装配

（1）新建文件。单击"新建"图标，在弹出的对话框中双击"装配体"图标，或单击"装配体"图标后单击"确定"按钮，新建一个装配体文件。

（2）插入"刀轴管"。单击"装配体"工具栏中的"插入零部件"图标，在弹出的"插入零部件装配体"属性管理器中单击"浏览"按钮，弹出"打开"对话框，在文件夹中选择"刀轴管. sldprt"，然后单击"打开"按钮。插入"花键套"。单击"装配体"工具栏中的"插入零部件"图标，在弹出的"插入零部件装配体"属性管理器中单击"浏览"按钮，弹出"打开"对话框，在文件夹中选择"花键套. sldprt"，然后单击"打开"按钮。继续插入"轴头"。单击"装配体"工具栏中的"插入零部件"图标，在弹出的"插入零部件装配体"属性管理器中单击"浏览"按钮，弹出"打开"对话框，在文件夹中选择"轴头. sldprt"，然后单击"打开"按钮。利用鼠标拖动零部件到合适位置，如图 5-56 所示。

（3）添加配合关系。

①单击"装配体"工具栏中的"配合"图标，弹出"配合"属性管理器，点开"重合"，选择如图 5-57 所示"刀轴管"的侧面和"轴头"的一侧面，然后单击"确定"按钮。

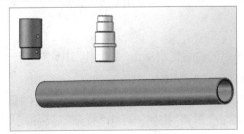

图 5-56　刀轴装配

图 5-57　刀轴装配 1

②单击"装配体"工具栏中的"配合"图标█，弹出"配合"属性管理器，在绘图区中选择"刀轴管"的一个孔内壁以及"轴头"的轴面，配合方式选择"标准配合"中的"同轴心"█ 同轴心(N)，然后单击"确定"按钮 ✔，如图 5-58 所示。

③单击"装配体"工具栏中的"配合"图标█，弹出"配合"属性管理器，点开"重合"█，选择如图 5-59 所示"刀轴管"的侧面和"花键套"的一侧面，然后单击"确定"按钮 ✔。

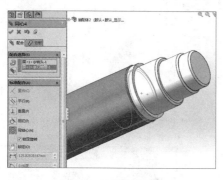
图 5-58　刀轴装配 2

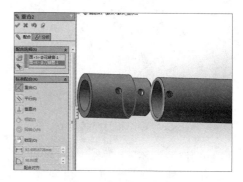
图 5-59　刀轴装配 3

④单击"装配体"工具栏中的"配合"图标█，弹出"配合"属性管理器，在绘图区中选择"刀轴管"的一个固定孔内壁以及"轴头"的固定孔内壁，配合方式选择"标准配合"中的"同轴心"█ 同轴心(N)，然后单击"确定"按钮 ✔，如图 5-60 所示。

⑤单击"装配体"工具栏中的"配合"图标█，弹出"配合"属性管理器，在绘图区中选择"刀轴管"的一个内壁以及"花键套"的轴侧面，配合方式选择"标准配合"中的"同轴心"█ 同轴心(N)，然后单击"确定"按钮 ✔，如图 5-61 所示。

（4）单击"保存"图标█，将零件保存为"装配体 2. sldasm"。

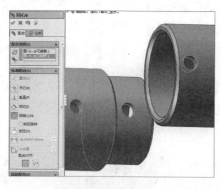
图 5-60　刀轴装配 4

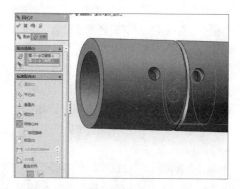
图 5-61　刀轴装配 5

3. 弯刀刀轴装配

（1）新建文件。单击"新建"图标█，在弹出的对话框中双击"装配体"图标█ ᵇᵇᵇᵇᵇᵇᵇᵇᵇᵇ，或单击"装配体"图标后单击"确定"按钮，新建一个装配体文件。

（2）插入上一步骤所得的"装配体 1"。单击"装配体"工具栏中的"插入零部件"图标█，在弹出的"插入零部件装配体"属性管理器中单击"浏览"按钮，弹出"打开"对话框，在文件夹中选择"装配体 1"，然后单击"打开"按钮。然后插入步骤 2 中所得的"装配体 2"。单击"装配体"工具栏中的"插入零部件"图标█，在弹出的"插入零部件装配体"属性管理器中单击"浏览"按钮，弹出"打开"对话框，在文件夹中选择"装配体 2"，然后单击"打开"按钮。利用鼠标拖动零部件到合适位置，如图 5-62 所示。

（3）单击"装配体"工具栏中的"配合"图标，弹出"配合"属性管理器，点开"距离"，选择如图 5-63 所示"刀轴管"的侧面和"刀座"的一侧面，距离为 50mm，然后单击"确定"按钮。

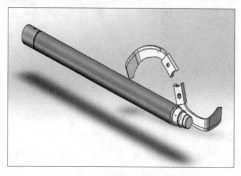

图 5-62　插入装配体 1

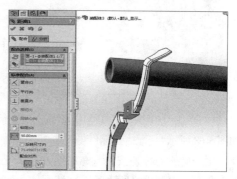

图 5-63　配合属性设置 1

（4）单击"装配体"工具栏中的"配合"图标，弹出"配合"属性管理器，在绘图区中选择"刀座"的曲面和"刀轴管"的曲面，配合方式选择"标准配合"中的"同轴心"，然后单击"确定"按钮，如图 5-64 所示。

（5）插入步骤 1 中所得的"装配体 1"。单击"装配体"工具栏中的"插入零部件"图标，在弹出的"插入零部件装配体"属性管理器中单击"浏览"按钮，弹出"打开"对话框，在文件夹中选择"装配体 1"，然后单击"打开"按钮。然后利用鼠标拖动零部件到合适位置，如图 5-65 所示。

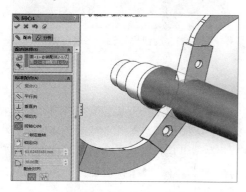

图 5-64　配合属性设置 2

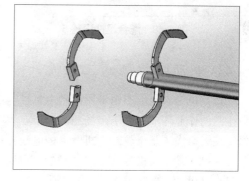

图 5-65　插入装配体 2

（6）单击"装配体"工具栏中的"配合"图标，弹出"配合"属性管理器，点开"距离"，选择如图 5-66 所示"装配体 1"的刀座侧面和刚才插入的"装配体"刀座的一侧面，距离为70mm，然后单击"确定"按钮。

（7）单击"装配体"工具栏中的"配合"图标，弹出"配合"属性管理器，在绘图区中选择"刀座"的曲面和"刀轴管"的曲面，配合方式选择"标准配合"中的"同轴心"，然后单击"确定"按钮，如图 5-67 所示。

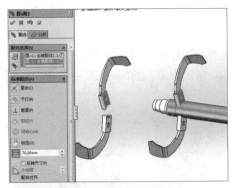

图 5-66　配合属性设置 3

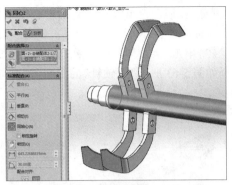

图 5-67　配合属性设置 4

（8）单击"装配体"工具栏中的"配合"图标✏️，弹出"配合"属性管理器，点开"角度"◢️，选择如图 5-68 所示"装配体 1"和"装配体 2"刀座的面，输入角度为 65°。然后单击"确定"按钮✔️。

由于旋耕刀片是按照双螺旋线方式布置，因此接下来的装配步骤与步骤 3 类似，依次类推往下装配，得到最终所需的刀轴装配体，如图 5-69 所示。最后保存文件，单击"保存"图标💾，将零件保存为"刀轴 . sldasm"。至此，"刀轴"的装配图就完成了。

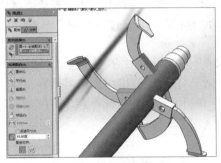

图 5-68　配合属性设置 5

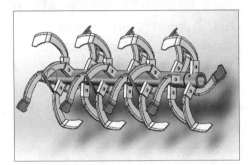

图 5-69　旋耕机刀轴弯刀装配体

5.4　电动拖拉机的三维设计

拖拉机是农业生产中常用的动力机械，主要用于牵引和驱动作业机械完成各项移动式农业生产的作业环节，由于市场急需用于在大棚、茶园、果园等环境下作业的绿色环保动力机械，编者研发了基于轮毂电机驱动的电动拖拉机，并在该电动拖拉机上集成后悬挂液压提升装置，该电动拖拉机的底盘尺寸是参照市面上现有的 15 马力小型拖拉机确定，并在此基础上根据蓄电池、轮毂电机的安装要求进行改进和创新设计。

下面就以所研制的如图 5-70 所示的电动拖拉机为例，来完成典型农业机械主要零部件的三维设计过程及其三维样机装配方法的实训过程。

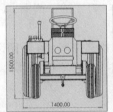
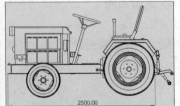

图 5-70　电动拖拉机总体尺寸和效果图

　　如图 5-70 所示，电动拖拉机是一种比较复杂的装配体，由很多的零部件组成，这种机械在建模时一般就是先将一部分零件装成小的装配体，然后再把小的装配体组装成总装配体。从整体上看该电动拖拉机由前桥、后桥集成、箱体集成三部分组成。前桥部分可再分成电池组、罩壳集成、转向机构、前车架；后桥集成可再分成车轮集成、刹车连接件、后桥体集成；箱体集成可再分为箱体部分、上拉杆部分、提升杆和下拉杆部分；分好之后就可以先把零件组装成这些小装配体，然后再把这些装配体一级一级地装配起来，最后形成整个电动拖拉机。其三维设计步骤分别如图 5-71 至图 5-74 所示。

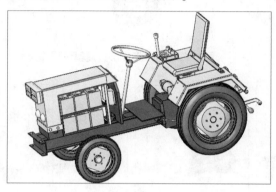

  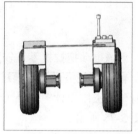

图 5-71　整机建模过程

 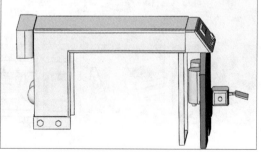

 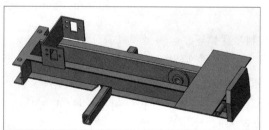

图 5-72　前桥部分建模过程

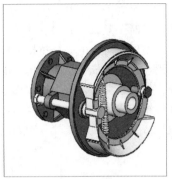

图 5-73　后桥集成部分建模过程

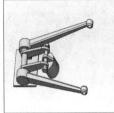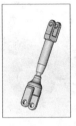

图 5-74　箱体集成部分建模过程

由于该电动拖拉机零件较多，本实例重点对前车架、后桥体的三维设计过程进行介绍。

1. 前车架三维设计建模过程

前车架三维设计中需要用到拉伸凸台、拉伸薄壁、拉伸切除、镜向、放样等特征，其过程如图 5-75 所示。

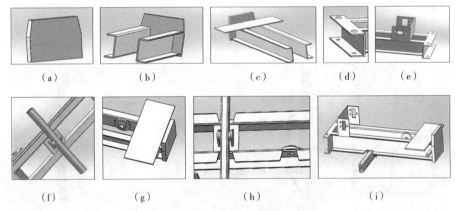

（a）　　　　（b）　　　　（c）　　　　（d）　　　　（e）

（f）　　　　　（g）　　　　　（h）　　　　　（i）

图 5-75　前车架的建模过程

绘制步骤如下。

（1）新建文件 启动 Solidworks 2018，单击"新建"按钮 ，在弹出的对话框中单击"零件"按钮 后单击"确定"按钮，新建一个零件文件。

（2）绘制"草图 1"。在设计树中选择"前视基准面"为草图绘制平面，单击"草图"工具栏中的"草图绘制"按钮 ，绘制草图 1，如图 5-76（a）所示；创建"凸台-拉伸 1"特征。单击

"特征"工具栏中的"拉伸凸台"按钮 ⬛，在弹出的属性管理器中设置"方向 1"为"给定深度"，拉伸深度为 38mm，所选轮廓为"草图 1"，如图 5-76(b)所示。

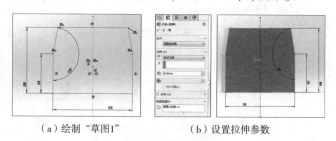

（a）绘制"草图1"   （b）设置拉伸参数

图 5-76 凸台-拉伸 1

（3）绘制"草图 2"。选择"凸台-拉伸 1"的一侧表面，单击"草图绘制"按钮 ⬛，绘制草图 2，如图 5-77(a)所示；创建"拉伸-薄壁 1"特征。单击"特征"工具栏中的"拉伸凸台/基体"按钮 ⬛，在弹出的属性管理器中设置方向 1 为"给定深度"，拉伸深度为 1520mm，设置薄壁特征为"单向"厚度为 9mm，所选轮廓为"草图 2"，如图 5-77(b)所示。

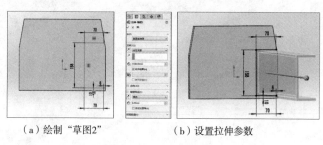

（a）绘制"草图2"   （b）设置拉伸参数

图 5-77 拉伸-薄壁 1

（4）绘制"草图 3"。选择"凸台-拉伸 1"的上表面，单击"草图绘制"按钮 ⬛，绘制草图 2，如图 5-78(a)所示；创建"拉伸-薄壁 2"特征。单击"特征"工具栏中的"拉伸凸台/基体"按钮 ⬛，在弹出的属性管理器中设置方向 1 为"给定深度"，拉伸深度为 1520mm，在设置薄壁特征为"单向"厚度为 9mm，所选轮廓为"草图 3"，如图 5-78(b)所示。

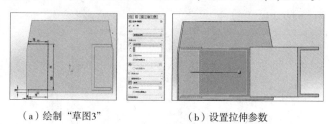

（a）绘制"草图3"   （b）设置拉伸参数

图 5-78 拉伸-薄壁 2

（5）创建"圆角 1"特征。单击"特征"工具栏中的"圆角"按钮 ⬛，在弹出的属性管理器中设置圆角类型为"恒定大小" ⬛，设置要圆角的项目为"拉伸-薄壁 1"和"拉伸-薄壁 2"的 8 条边线，设置圆角参数为"对称"，圆角半径为 2mm，如图 5-79 所示。

（6）创建"圆角 2"特征。单击"特征"工具栏中的"圆角"按钮 ⬛，在弹出的属性管理器中设置圆角类型为"恒定大小" ⬛，设置要圆角的项目为"拉伸-薄壁 1"和"拉伸-薄壁 2"外侧的 4 条交线，设置圆角参数为"对称"，圆角半径为 9mm，如图 5-80 所示。

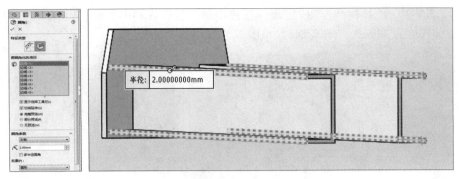

图 5-79　创建"圆角 1"

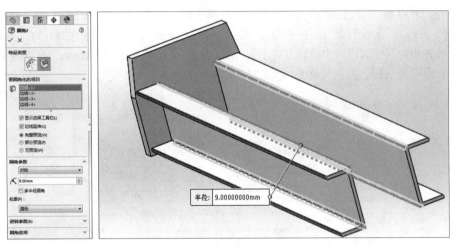

图 5-80　设置"圆角 2"

(7)绘制"草图 4"。选择"拉伸–薄壁 1"的上表面，单击"草图绘制"按钮 ⌐，绘制草图 4，如图 5-81(a)所示；创建"凸台–拉伸 2"特征。单击"特征"工具栏中的"拉伸凸台/基体"按钮 ，在弹出的属性管理器中设置"方向 1"为"给定深度"，拉伸深度为 9，所选轮廓为"草图 4"，如图 5-81(b)所示。

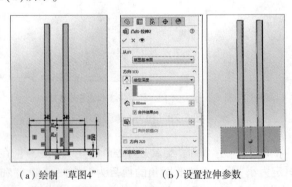

　(a)绘制"草图4"　　　(b)设置拉伸参数

图 5-81　凸台–拉伸 2

(8)绘制"草图 5"。在设计树中选择"右视基准面"为草图绘制平面，单击"草图"工具栏中的"草图绘制"按钮 ⌐，绘制草图 5，如图 5-82(a)所示；创建"拉伸–薄壁 3"特征。单击

"特征"工具栏中的"拉伸凸台/基体"按钮 🔘，在弹出的属性管理器中设置"方向 1"为"给定深度"，拉伸深度为 230mm，设置"方向 2"为"给定深度"，拉伸深度也为 230mm，设置薄壁特征为"单向"厚度为 9mm，所选轮廓为"草图 5"，如图 5-82(b)所示。

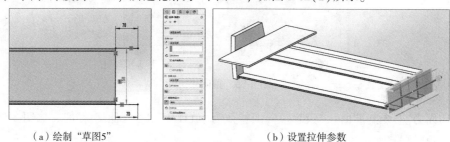

（a）绘制"草图5"　　　　　　　　　（b）设置拉伸参数

图 5-82　拉伸-薄壁 3

（9）绘制"草图 6"。选择"拉伸-薄壁 3"的上表面，单击"草图绘制"按钮 🔲，绘制草图 6，如图 5-83(a)所示；创建"切除-拉伸 1"特征。单击"特征"工具栏中的"拉伸切除"按钮 🔘，在弹出的属性管理器中设置"方向 1"为"完全贯穿"，所选轮廓为"草图 6"，如图 5-83(b)所示。

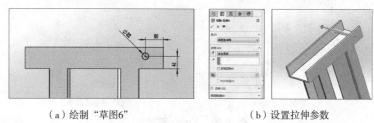

（a）绘制"草图6"　　　　　　　　（b）设置拉伸参数

图 5-83　切除-拉伸 1

（10）绘制"草图 7"。选择"拉伸-薄壁 3"的上表面，单击"草图绘制"按钮 🔲，绘制草图 7，如图 5-84(a)所示；创建"基准面 1"。在"特征"上单击"参考几何体"按钮 🔹，选择"基准面"，在弹出的属性管理栏中设置第一参考为"上基准面"，"偏移距离"一栏 🔲 为"100"，如图 5-84(b)所示；绘制"草图 8"。选择"基准面 1"为草图绘制平面，单击"草图绘制"按钮 🔲，绘制草图 8，如图 5-84(c)所示。

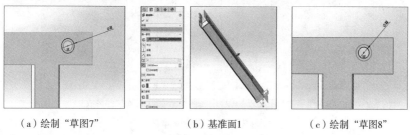

（a）绘制"草图7"　　　　（b）基准面1　　　　（c）绘制"草图8"

图 5-84　基准面 1

（11）创建"放样 1"特征。单击"特征"工具栏中的"放样凸台/基体"按钮 🔘，在弹出的属性管理器中设置轮廓为"草图 7"和"草图 8"，如图 5-85(a)所示；创建"镜向 1"特征。将鼠标移到"SolidWork"标志 🔗 SOLIDWORKS ▶ -"插入"-"阵列/镜向"-"镜向"，在弹出的属性管理器中

（a）放样1 （b）镜向1

图5-85 镜向1

设置镜向面为"右视基准面"，设置镜向的特征为"放样1"和"拉伸切除1"，如图5-85(b)所示。

（12）绘制"草图9"。选择"拉伸–薄壁1"的上表面，单击"草图绘制"按钮 □，绘制草图9，如图5-86(a)所示；创建"拉伸–薄壁4"特征。单击"特征"工具栏中的"拉伸凸台/基体"按钮 🗑，在弹出的属性管理器中设置"方向1"为"给定深度"，拉伸深度为167mm，设置薄壁特征为"单向"厚度为9mm，所选轮廓为"草图9"，如图5-86(b)所示。

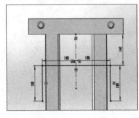

（a）绘制"草图9" （b）设置拉伸参数

图5-86 拉伸–薄壁4

（13）绘制"草图10"。选择"拉伸–薄壁4"的左侧面，单击"草图绘制"按钮 □，绘制"草图10"，如图5-87(a)所示；创建"切除–拉伸2"特征。单击"特征"工具栏中的"拉伸切除"按钮 🗑，在弹出的属性管理器中设置"方向1"为"完全贯穿"，所选轮廓为"草图10"，如图5-87(b)所示。

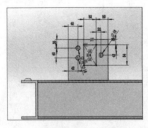

（a）绘制"草图10" （b）设置拉伸参数

图5-87 切除–拉伸2

（14）绘制"草图11"。选择"拉伸–薄壁1"的上表面，单击"草图绘制"按钮 □，绘制草图11，如图5-88(a)所示；创建"凸台–拉伸3"特征。单击"特征"工具栏中的"拉伸凸台/基体"按钮 🗑，在弹出的属性管理器中设置从方向为"等距"，方向向下，距离为140mm，设置"方向1"为"给定深度"，拉伸深度为9mm，所选轮廓为"草图11"，如图5-88(b)所示。

（15）绘制"草图12"。在设计树中选择"右视基准面"为草图绘制平面，单击"草图"工具

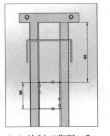

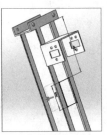

（a）绘制"草图11"　　　　　（b）设置拉伸参数

图 5-88　凸台-拉伸 3

栏中的"草图绘制"按钮 ⊏，绘制草图 12，如图 5-89（a）所示；创建"凸台-拉伸 4"特征。单击"特征"工具栏中的"拉伸凸台/基体"按钮 ，在弹出的属性管理器中设置"方向 1"为"给定深度"，拉伸深度为 410mm，设置"方向 2"为"给定深度"，拉伸深度为 410mm，所选轮廓为"草图 12"，如图 5-89（b）所示。

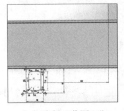

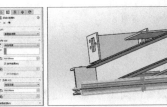

（a）绘制"草图12"　　　　　　（b）设置拉伸参数

图 5-89　凸台-拉伸 4

（16）绘制"草图 13"。选择"凸台-拉伸 4"的一侧表面为草图绘制平面，单击"草图"工具栏中的"草图绘制"按钮 ⊏，绘制草图 13，如图 5-90（a）所示；创建"凸台-拉伸 5"特征。单击"特征"工具栏中的"拉伸凸台/基体"按钮 ，在弹出的属性管理器中设置方向 1 为"给定深度"，拉伸深度为 15mm，所选轮廓为"草图 13"，如图 5-90（b）所示。

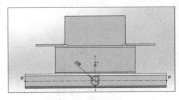
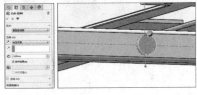

（a）绘制"草图13"　　　　　　（b）设置拉伸参数

图 5-90　凸台-拉伸 5

（17）绘制"草图 14"。选择"凸台-拉伸 5"的表面为草图绘制平面，单击"草图"工具栏中的"草图绘制"按钮 ⊏，绘制草图 14，如图 5-91（a）所示；创建"凸台-拉伸 6"特征。单击"特征"工具栏中的"拉伸凸台/基体"按钮 ，在弹出的属性管理器中设置方向 1 为"给定深度"，拉伸深度为 15mm，所选轮廓为"草图 14"，如图 5-91（b）所示。

（18）绘制"草图 15"。选择"凸台-拉伸 4"的下表面为草图绘制平面，单击"草图"工具栏中的"草图绘制"按钮 ⊏，绘制草图 15，如图 5-92（a）所示；创建"基准面 2"。在"特征"上单击"参考几何体"按钮 ，选择"基准面"，在弹出的属性管理栏中设置第一参考为"草图 15"的直线重合，设置第二参考为"凸台-拉伸 4"的下表面垂直，如图 5-92（b）所示。

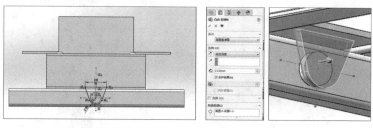

（a）绘制"草图14"　　　　　　（b）设置拉伸参数

图 5-91　凸台-拉伸 6

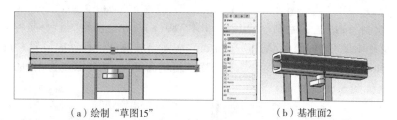

（a）绘制"草图15"　　　　　　（b）基准面2

图 5-92　基准面 2

（19）创建"镜向 2"特征。将鼠标移到"SolidWork"标志 ⬧ SOLIDWORKS ▸ –"插入"–"阵列/镜向"–"镜向"，在弹出的属性管理器中设置镜向面为"基准面 2"，设置要镜向的特征为"凸台-拉伸 5"和"凸台-拉伸 6"，如图 5-93 所示。

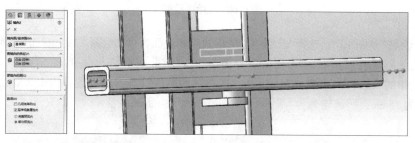

图 5-93　镜向 2

（20）绘制"草图 16"。选择"拉伸-薄壁 2"的内侧表面为草图绘制平面，单击"草图"工具栏中的"草图绘制"按钮 ▢，绘制草图 16，如图 5-94（a）所示；创建"凸台-拉伸 7"特征。单击"特征"工具栏中的"拉伸凸台/基体"按钮 ▥，在弹出的属性管理器中设置方向 1 为"给定深度"，拉伸深度为 100mm，所选轮廓为"草图 16"，如图 5-94（b）所示。

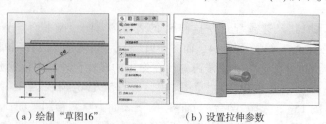

（a）绘制"草图16"　　　　　　（b）设置拉伸参数

图 5-94　凸台-拉伸 7

（21）绘制"草图 17"。选择"凸台-拉伸 7"的外表面为草图绘制平面，单击"草图"工具栏中的"草图绘制"按钮 ⊏，绘制草图 17，如图 5-95（a）所示；创建"切除-拉伸 3"特征。单击"特征"工具栏中的"拉伸切除"按钮 ⓜ，在弹出的属性管理器中设置方向 1 为"给定深度"，切除深度为 200mm，所选轮廓为"草图 17"，如图 5-95（b）所示。

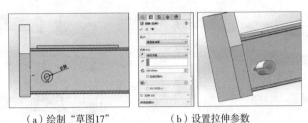

（a）绘制"草图17"　　　　　（b）设置拉伸参数

图 5-95　切除-拉伸 3

（22）创建"镜向 3"特征。将鼠标移到"SolidWork"标志 ⟨DS SOLIDWORKS ▸⟩ –"插入"–"阵列/镜向"–"镜向"，在弹出的属性管理器中设置镜向面为"右基准面"，设置要镜向的特征为"凸台-拉伸 7"和"切除-拉伸 3"，如图 5-96 所示。

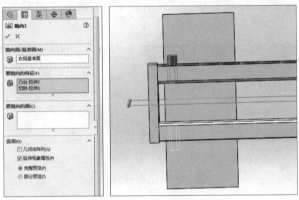

图 5-96　镜向 3

（23）绘制"草图 18"。选择"拉伸-薄壁 2"的内侧表面为草图绘制平面，单击"草图"工具栏中的"草图绘制"按钮 ⊏，绘制草图 18，如图 5-97（a）所示；创建"凸台-拉伸 8"特征。单击"特征"工具栏中的"拉伸凸台/基体"按钮 ⓜ，在弹出的属性管理器中设置方向 1 为"给定深度"，拉伸深度为 15mm，所选轮廓为"草图 18"，如图 5-97（b）所示。

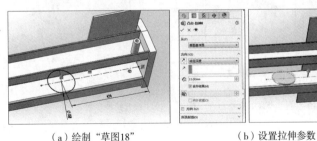

（a）绘制"草图18"　　　　　（b）设置拉伸参数

图 5-97　凸台-拉伸 8

（24）绘制"草图 19"。选择"凸台–拉伸 8"的表面为草图绘制平面，单击"草图"工具栏中的"草图绘制"按钮 ▢，绘制草图 19，如图 5-98（a）所示；创建"凸台–拉伸 9"特征。单击"特征"工具栏中的"拉伸凸台／基体"按钮 ▧，在弹出的属性管理器中设置方向 1 为"给定深度"，拉伸深度为 15mm，所选轮廓为"草图 19"，如图 5-98（b）所示。

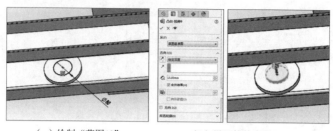

（a）绘制"草图19"   （b）设置拉伸参数

图 5-98 凸台–拉伸 9

（25）绘制"草图 20"。选择"凸台–拉伸 9"的表面为草图绘制平面，单击"草图"工具栏中的"草图绘制"按钮 ▢，绘制草图 20，如图 5-99（a）所示；创建"切除–拉伸 4"特征。单击"特征"工具栏中的"拉伸切除"按钮 ▧，在弹出的属性管理器中设置方向 1 为"完全贯穿"，所选轮廓为"草图 20"，如图 5-99（b）所示。

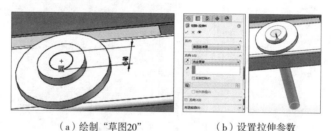

（a）绘制"草图20"   （b）设置拉伸参数

图 5-99 切除–拉伸 4

（26）绘制"草图 21"。选择"拉伸–薄壁 1"的下表面为草图绘制平面，单击"草图"工具栏中的"草图绘制"按钮 ▢，绘制草图 21，如图 5-100（a）所示；创建"切除–拉伸 5"特征。单击"特征"工具栏中的"拉伸切除"按钮 ▧，在弹出的属性管理器中设置方向 1 为"给定深度"，切除深度为 20mm，所选轮廓为"草图 21"，如图 5-100（b）所示。

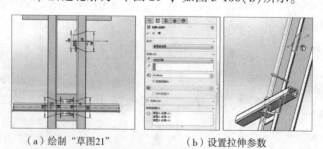

（a）绘制"草图21"   （b）设置拉伸参数

图 5-100 切除–拉伸 5

2. 后桥体三维设计建模过程

后桥体三维设计中需要用到拉伸凸台、拉伸切除、阵列等特征，其过程如图 5-101 所示。

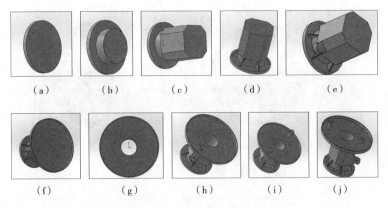

图 5-101　后桥体的建模过程

绘制步骤如下。

(1)新建文件。启动 Solidworks 2018，单击"新建"按钮，在弹出的对话框中单击"零件"按钮后单击"确定"按钮，新建一个零件文件。

(2)绘制"草图 1"。在设计树中选择"前视基准面"为草图绘制平面，单击"草图"工具栏中的"草图绘制"按钮，绘制草图 1，如图 5-102(a)所示；创建"凸台-拉伸 1"特征。单击"特征"工具栏中的"拉伸凸台/基体"按钮，在弹出的属性管理器中设置方向 1 为"给定深度"，拉伸深度为 15mm，所选轮廓为"草图 1"，如图 5-102(b)所示。

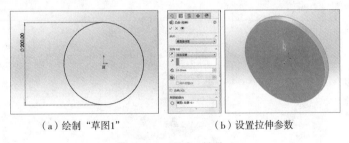

(a)绘制"草图1"　　　　　　(b)设置拉伸参数

图 5-102　凸台-拉伸 1

(3)绘制"草图 2"。选择"凸台-拉伸 1"的上表面，单击"草图绘制"按钮，绘制草图 2，如图 5-103(a)所示；创建"凸台-拉伸 2"特征。单击"特征"工具栏中的"拉伸凸台/基体"按钮，在弹出的属性管理器中设置方向 1 为"给定深度"，拉伸深度为 40mm，所选轮廓为"草图 2"，如图 5-103(b)所示。

(4)绘制"草图 3"。选择"凸台-拉伸 2"的上表面，单击"草图绘制"按钮，绘制草图 3，如图 5-104(a)所示；创建"凸台-拉伸 3"特征。单击"特征"工具栏中的"拉伸凸台/基体"按钮，在弹出的属性管理器中设置方向 1 为"给定深度"，拉伸深度为 140mm，所选轮廓为"草图 3"，如图 5-104(b)所示。

(5)创建"倒角 1"特征。单击"特征"工具栏中的"圆角"按钮下方的箭头，单击"倒角"按钮，在弹出的属性管理器中设置要倒角的项目为"凸台-拉伸 3"的 4 条边线，设置"距离"为"30"，设置"角度"为 45°，如图 5-105 所示。

(6)绘制"草图 4"。在设计树中选择"上视基准面"为草图绘制平面，单击"草图"工具栏中的"草图绘制"按钮，绘制草图 4，如图 5-106(a)所示；创建"凸台-拉伸 4"特征。单击

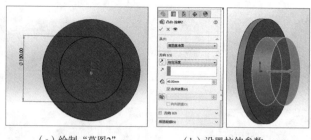

（a）绘制"草图2"   （b）设置拉伸参数

图 5-103   凸台–拉伸 2

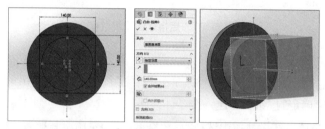

（a）绘制"草图3"   （b）设置拉伸参数

图 5-104   凸台–拉伸 3

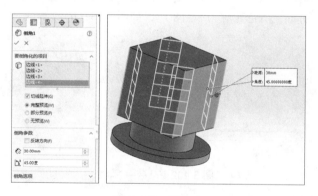

图 5-105   倒角 1

"特征"工具栏中的"拉伸凸台/基体"按钮 ，在弹出的属性管理器中设置方向 1 为"给定深度"，拉伸深度为 3mm，设置方向 2 为"给定深度"，拉伸深度为 3mm，所选轮廓为"草图4"，如图 5-106(b) 所示。

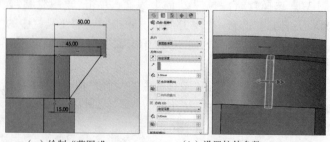

（a）绘制"草图4"   （b）设置拉伸参数

图 5-106   凸台–拉伸 4

（7）创建"圆角 1"特征。单击"特征"工具栏中的"圆角"按钮，在弹出的属性管理器中设置圆角类型为"恒定大小"，设置需要圆角的项目为"凸台-拉伸 4"的 2 条边线，设置圆角参数为"对称"，圆角半径为 2mm，如图 5-107（a）所示；创建"阵列（圆周）1"特征，将鼠标移到"SolidWork"标志 ⅔SOLIDWORKS ▶ –"插入"–"阵列/镜向"–"圆周阵列"并选定，在弹出的属性管理器中设置方向 1 为"凸台-拉伸 1"的边线，设置"角度"为 60°，设置"实例数"为 6 个，设置特征和面为"圆角 1"和"凸台拉伸 4"，如图 5-107（b）所示。

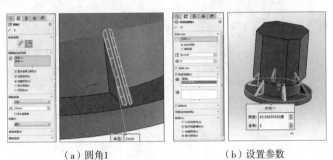

（a）圆角1　　　　　　　（b）设置参数

图 5-107　阵列（圆周）1

（8）绘制"草图 5"。选择"凸台-拉伸 3"的上表面，单击"草图绘制"按钮，绘制草图 5，如图 5-108（a）所示；创建"凸台-拉伸 5"特征。单击"特征"工具栏中的"拉伸凸台/基体"按钮，在弹出的属性管理器中设置从方向为"等距"，距离为 130mm，设置方向 1 为"给定深度"，拉伸深度为 20mm，所选轮廓为"草图 5"，如图 5-108（b）所示。

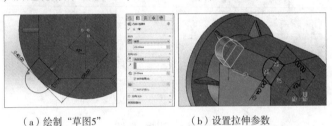

（a）绘制"草图5"　　　　　　（b）设置拉伸参数

图 5-108　凸台-拉伸 5

（9）绘制"草图 6"。选择"凸台-拉伸 3"的上表面，单击"草图绘制"按钮，绘制草图 6，如图 5-109（a）所示；创建"凸台-拉伸 6"特征。单击"特征"工具栏中的"拉伸凸台/基体"按钮，在弹出的属性管理器中设置方向 1 为"给定深度"，拉伸深度为 15mm，所选轮廓为"草图 6"，如图 5-109（b）所示。

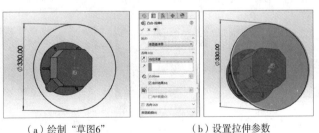

（a）绘制"草图6"　　　　　　（b）设置拉伸参数

图 5-109　凸台-拉伸 6

（10）绘制"草图7"。选择"凸台-拉伸6"的上表面为草图绘制平面，单击"草图"工具栏中的"草图绘制"按钮 ⌐，绘制草图7，如图5-110（a）所示；创建"切除-拉伸1"特征。单击"特征"工具栏中的"拉伸切除"按钮 ⋒，在弹出的属性管理器中设置方向1为"给定深度"，切除深度为13mm，所选轮廓为"草图7"，如图5-110（b）所示。

（a）绘制"草图7"   （b）设置拉伸参数

图5-110　切除-拉伸1

（11）绘制"草图8"。选择"切除-拉伸1"的表面为草图绘制平面，单击"草图"工具栏中的"草图绘制"按钮 ⌐，绘制草图8，如图5-111（a）所示；创建"切除-拉伸2"特征。单击"特征"工具栏中的"拉伸切除"按钮 ⋒，在弹出的属性管理器中设置方向1为"完全贯穿"，所选轮廓为"草图8"，如图5-111（b）所示。

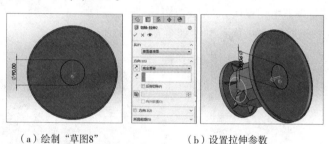

（a）绘制"草图8"   （b）设置拉伸参数

图5-111　切除-拉伸2

（12）绘制"草图9"。选择"切除-拉伸1"的表面，单击"草图绘制"按钮 ⌐，单击"草图"工具栏中的"转换实体引用"按钮 ⬚，在弹出的属性管理器中设置要转换的实体为"凸台-拉伸5"的外弧线，最后绘制草图9，如图5-112（a）所示；创建"凸台-拉伸7"特征。单击"特征"工具栏中的"拉伸凸台/基体"按钮 ⋒，在弹出的属性管理器中设置方向1为"给定深度"，拉伸深度为"10mm"，所选轮廓为"草图9"，如图5-112（b）所示。

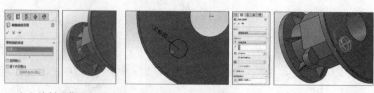

（a）绘制"草图9"   （b）设置拉伸参数

图5-112　凸台-拉伸7

（13）绘制"草图10"。选择"凸台-拉伸7"的上表面为草图绘制平面，单击"草图"工具栏中的"草图绘制"按钮 ⊏，绘制草图10，如图 5-113（a）所示；创建"切除-拉伸3"特征。单击"特征"工具栏中的"拉伸切除"按钮 ⊚，在弹出的属性管理器中设置方向1为"给定深度"，切除深度为"142mm"，所选轮廓为"草图10"，如图 5-113（b）所示。

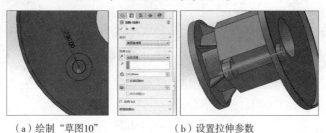

（a）绘制"草图10"   （b）设置拉伸参数

图 5-113   切除-拉伸 3

（14）绘制"草图11"。选择"切除-拉伸1"的表面，单击"草图绘制"按钮 ⊏，绘制草图11，如图 5-114（a）所示；创建"凸台-拉伸8"特征。单击"特征"工具栏中的"拉伸凸台/基体"按钮 ⊚，在弹出的属性管理器中设置方向1为"给定深度"，拉伸深度为"50mm"，所选轮廓为"草图11"，如图 5-114（b）所示。

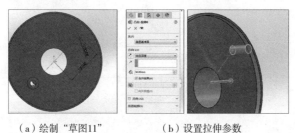

（a）绘制"草图11"   （b）设置拉伸参数

图 5-114   凸台-拉伸 8

（15）绘制"草图12"。选择"凸台-拉伸8"的上表面，单击"草图绘制"按钮 ⊏，绘制草图12，如图 5-115（a）所示；创建"凸台-拉伸9"特征。单击"特征"工具栏中的"拉伸凸台/基体"按钮 ⊚，在弹出的属性管理器中设置方向1为"给定深度"，拉伸深度为"5mm"，所选轮廓为"草图12"，如图 5-115（b）所示。

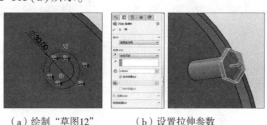

（a）绘制"草图12"   （b）设置拉伸参数

图 5-115   凸台-拉伸 9

（16）绘制"草图13"。选择"凸台-拉伸1"的下表面为草图绘制平面，单击"草图"工具栏中的"草图绘制"按钮 ⊏，先绘制一个直径为 20 的圆，再单击"草图"工具栏中的"线性阵列草图"按钮 ⊞⊞ 线性草图阵列 ·右方的箭头，单击"圆周草图阵列"，在弹出的属性管理器中设置反向为"凸台-拉伸1"的外边线，设置实例数为 6 个，设置要阵列的实体为刚绘制的圆，如图

5-116（a）所示；创建"切除−拉伸 4"特征。单击"特征"工具栏中的"拉伸切除"按钮 🔩，在弹出的属性管理器中设置方向 1 为"给定深度"，切除深度为"15mm"，所选轮廓为"草图 13"，如图 5-116（b）所示。

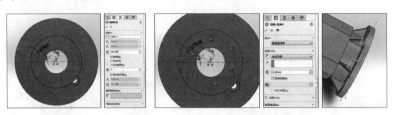

（a）绘制"草图13"　　　　　　　　（b）设置拉伸参数

图 5-116　切除−拉伸 4

〔上机练习题〕

1. 通过测绘典型排种器零部件尺寸，完成排种器三维设计。
2. 通过测绘稻麦收获机脱粒滚筒零部件尺寸，完成脱粒滚筒三维设计。

项目6　典型园林机械零部件设计

随着园林绿化事业的发展，园林绿化的生产与养护管理工作逐渐由单一的人工作业向机械化、自动化、智能化过渡，现代自动化的园林机械设备已被广泛应用到生产实践中，这些机械设备不仅能直接保护和提高绿化美化成果，充分发挥绿化美化功能，而且对实施农林业生产的"机器换人"、提高生产效率、改善生态环境、促进乡村振兴等都具有重要的作用。

现代城市绿化管理中最常用的园林机械设备主要有树木移植机、草坪修剪车、草坪修剪机、绿篱机、洒水车、修边机、打孔机、割灌机等。常用的园林手工工具有花剪、枝剪、手锯、芽接刀、喷雾器等，各种以蓄电池为动力的电动园林工具如电动高枝锯、电动伐木锯等已逐渐替代手工工具成为市场的主流。下面通过介绍典型园林机械的三维设计，来学习现代园林机械三维设计及建模过程。

6.1　树木移植机三维设计

本节结合国内外树木移植机的特点，介绍一种既具有主要的挖掘功能又包含辅助搬运的抓取装置、紧凑型整体结构的树木移植机的主要部分的三维设计及其装配关系。树木移植机的整体装配图如图6-1所示。

图6-1　"自由号"树木移植机

如图6-1所示，树木移植机是一种比较复杂的装配体，由很多的零部件组成，像这种比较复杂的三维设计，在构建三维模型时，可以依据其主要功能和作用的明显区别，将其拆分为几个小装配体，根据运动特点确定装配关系组装成总装配体。将树木移植机的机械结构主要分为四个部分：挖掘装置（图6-2）、驱动底盘（图6-3）、提升装置（图6-4）、抓取装置（图6-5）。

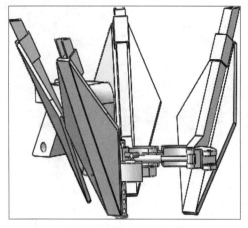

图 6-2　挖掘装置

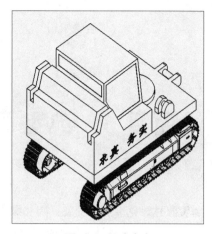

图 6-3　驱动底盘

图 6-4　提升装置

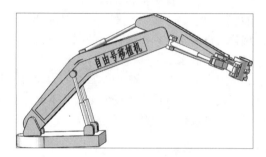

图 6-5　抓取装置

从整体建模特点上看，提升装置主要由左右两提升臂组成，从而配合抓取装置提升挖掘装置以完成挖掘后的搬运工作，提升装置和抓取装置的动力来源主要是不同型号的液压油缸，机器主体的动力装置采用普通中型挖掘机的履带底盘。考虑到结构配合和安全稳定性问题，驾驶室在一般的机械驾驶室的基础上做出了适当的改变，但建模过程并不复杂，此处不作详细介绍，本节主要介绍结构特点相对复杂的挖掘装置和抓取装置的装配方法。

6.1.1　挖掘装置主要部件的设计

挖掘装置作为树木移植机的关键工作部件，在树木移植作业过程中，它的作用主要有两个：一是形成土球的切削刀具；二是作为提升和运输过程中的容器，以防止土球的散开，从而提高树木的成活率。其中挖掘装置的主要组成部分包括铲刀、铲刀滑轨、铲刀框架连接件、铲刀框架支撑装置、铲刀框架等。

1. 铲刀的设计

（1）从铲刀的整体构型来看，左右刀刃具有一定的角度差，因此适合用钣金折弯的方法进行构图，首先在草图中画出铲刀折弯之前的展开图。

（2）草图完成后，点击菜单栏"钣金"中的"基体法兰/薄片" ，选择适当厚度后便生成可以折弯的钣金模型，如图 6-6 所示。

（3）在铲刀的初始钣金上画一条折弯线（即刀刃转折处），然后选择"钣金"中的"绘制的折弯" ，如图 6-7 所示，选择钣金表面、折弯线及适当角度，并设计与铲斗滑轨结合结构，结合处建模较为简单此处就不一一赘述，如图 6-8 所示。

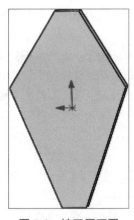

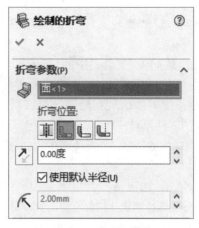

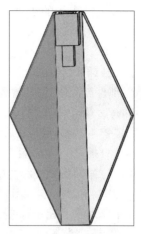

| 图 6-6 铲刀展开图 | 图 6-7 绘制的折弯 | 图 6-8 铲刀 |

2. 铲斗的设计

铲斗包括活动铲斗和固定铲斗，建模方法基本相同，此处就以活动铲斗为例，详细介绍其建模过程。

(1)首先根据设计要求活动铲斗的弯曲角度为 90°，故先画出一个一定直径圆的 1/4 圆环。

(2)为能与固定铲斗以及另一铲斗转动连接，需对活动铲斗的两端设计能够转动的接合端，首先利用"旋转切除" 🔄 切去多余的部分，然后在两端进行打孔以方便旋转轴的安装，并局部倒圆角，如图 6-9 所示。

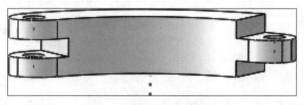

图 6-9 活动铲斗前期图

(3)铲刀滑轨采用简单的拉伸切除方法，其中轨道尺寸与铲刀结合处尺寸过渡配合，如图 6-10 所示。

(4)由于活动铲斗需绕某定轴转动以实现挖掘装置的开合，故需在活动铲斗上设计液压顶合装置的接合点，与铲斗两端的结合设计基本相似，如图 6-11 所示。

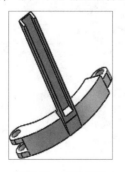

图 6-10 滑轨设计   图 6-11 活动铲斗设计图

3. 挖掘装置的装配

（1）新建文件。单击"文件"，选择"新建文件"，在弹出的对话框中，双击"装配体"按钮📦。

（2）插入"固定铲斗"。单击"装配体"工具栏中的"插入零部件"按钮📦，在弹出的"插入零部件装配体"属性管理器中单击"浏览"按钮，打开保存零件的文件夹，选择"固定铲斗.sldprt"，然后单击"打开"按钮，待零件出现在绘图区时，利用鼠标拖动零件至原点，使"固定铲斗"的原点与之后装配的零件原点一致，并将其固定。

（3）插入"活动铲斗"。用同样的方法插入"活动铲斗.sldprt"。

（4）添加装配关系。

①单击"装配体"工具栏中的"配合"按钮📎，弹出"配合"属性管理器，在"标准配合"中选择"同心"◎同心，在"配合选择"中分别选择两铲斗的旋转曲面，如图6-12所示。

②单击"装配体"工具栏中的"配合"按钮📎，弹出"配合"属性管理器，在"标准配合"中选择"重合"⼈重合，在"配合选择"中选择两铲斗的接触面，如图6-13所示，装配完成如图6-14所示。

  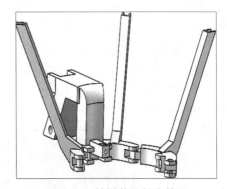

图 6-12　同轴配合　　　图 6-13　重合配合　　　图 6-14　挖掘装置部分装配

（5）挖掘装置中含有两个活动铲斗一个固定铲斗，其中一个的装配如上步所示，其余两个活动铲斗的装配方法类似，此处就不再次赘述。

（6）插入"铲刀"。用3.（2）所述的插入零件方法插入"铲刀"，并为其添加装配关系，用"重合"⼈重合配合方式将"铲刀"连接处与"铲斗"轨道上的接触面重合，如图6-15所示。

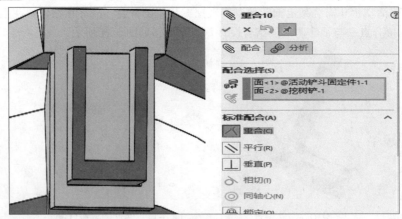

图 6-15　重合配合

(7)插入"铲刀框架伸缩杆"。利用液压驱动连接固定铲斗和活动铲斗以实现铲刀的开合动作，用前面所述的重合配合将伸缩杆插入到两者之间。首先用"配合" 🖉 命令下的"同心" ◎ 同心将伸缩杆直径较粗的部分与固定铲斗连接，用相似的办法将伸缩杆直径较细的部分与活动铲斗相连，最后利用"重合"命令 人 重合将伸缩杆两部分的表面重合，如图 6-16、图 6-17 所示。

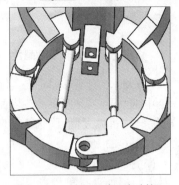

图 6-16 铲刀开合刀架封闭

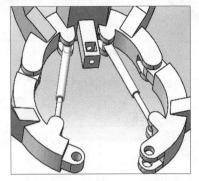

图 6-17 铲刀开合刀架张开

(8)插入"铲刀框架支撑装置"。为框架添加支撑装置以调节铲刀下挖深度，同样用之前插入零部件的方法将其插入到铲刀框架装配体中。首先将"支撑杆"的侧面与"固定铲斗"凸出的内表面设置为"重合" 人 重合，接着同样利用"重合"命令将适合尺寸的"插销"插入至"支撑杆"，如图 6-18、图 6-19 所示。

(9)挖掘装置装配完成并保存，如图 6-20 所示。

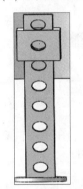

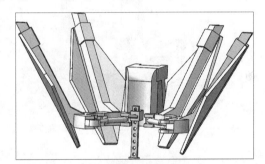

图 6-18 插入支撑杆　　图 6-19 插入插销　　　　图 6-20 挖掘装置

6.1.2 抓取装置

抓取装置的作用主要包括：树木在提升装置作用下向上运动时，紧紧握住树干的合适位置，以保持树木在整个运动过程中的相对稳定；对于比较小的树木移植，可以直接通过抓取装置将树木连土球提出铲斗，并放入土球放置框内，从而缩短整个移植时间进而提高工作效率。其中抓取装置的主要组成部分包括抓取机械臂、平行机构、抓取爪、底座、液压伸缩杆等。

(1)新建文件。单击"文件"，选择"新建文件"，在弹出的对话框中，双击"装配体"按钮 🖑。

(2)插入"机械大臂"。按照前文所述方法插入零件，待零件出现在绘图区时，利用鼠标拖动零件至原点，使"固定铲斗"的原点与之后装配的零件原点一致，并将其固定。

(3)插入"机械小臂"。首先按照前文所述插入零件方法，将"机械小臂"插入到"机械大臂"所在界面，再利用"配合"命令中"同心"从而使两者可以实现相对旋转，如图 6-21 所示，最后利用"配合"命令中的"重合"使两者首尾相连，如图 6-22 所示。

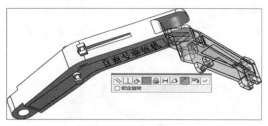

图 6-21 同心配合

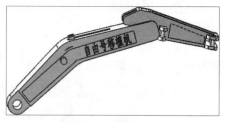

图 6-22 重合配合

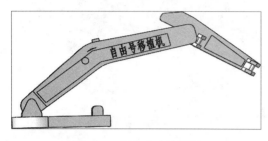

图 6-23 插入底座效果图

（4）插入"底座"。同样，利用"配合"命令中的"同心"和"重合"装配关系，使"底座"与"机械大臂"同轴心，侧面相互重合，如图 6-23 所示。

（5）插入"平行机构"。在机械臂与机械爪之间添加平行机构以提高抓取树木动作的稳定性，首先利用"配合"命令中的"同心"和"重合"装配关系将"平行机构"的各个构件安装在"机械小臂"的末端，如图 6-24 所示。根据平行机构的运动特点，在两零件相邻的两侧面添加"平行"装配关系，如图 6-25 所示。由于两机械爪的运动是镜向运动，因此剩余两个零件可利用"线性零部件阵列"中的"镜向"进行装配，如图 6-26、图 6-27 所示。

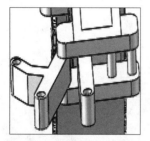

图 6-24 构件未平行效果图

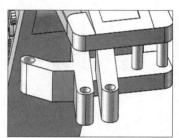

图 6-25 构件平行效果图

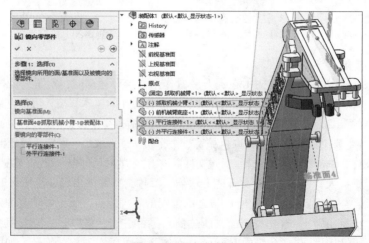

图 6-26 零部件镜向

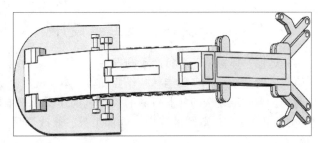

图 6-27　安装平行机构

（6）插入"机械左爪"。将机械爪添加进视图界面后，按照之前的装配方法，利用"配合"中轴的"同心"和上下底面的"重合"进行装配，如图 6-28 所示。用同样的方法装配"机械右爪"，如图 6-29 所示。

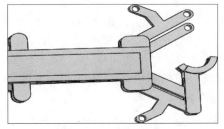

图 6-28　机械左爪

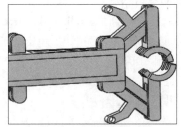

图 6-29　装配机械爪

（7）插入"液压伸缩杆"。"液压伸缩杆"的作用主要是驱动各个执行部件进行工作，装配方法类似之前的"挖掘装置"中的"铲刀框架伸缩杆"的装配，此处就不一一赘述，装配完成的抓取装置如图 6-30 所示。

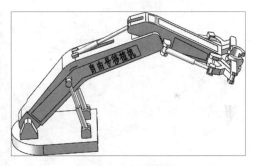

图 6-30　抓取装置

6.1.3　树木移植机总体装配

在组装树木移植机总体时，其装配方法与之前的子装配体的装配基本一致，值得注意的是在装配之前需要将子装配体设置为柔性。在设计树中单击"挖掘装置"，在弹出的立即菜单中选择"柔性"命令，将该子装配体设置为柔性，此步骤可以实现子装配体在总配体中的运动，否则子装配体只会如零件一样做一个整体运动，从而无法实现挖掘装置的挖掘功能。装配完成后添加颜色渲染，如图 6-31 所示。

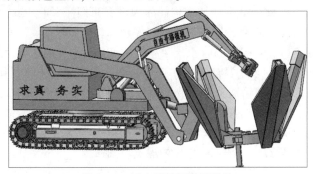

图 6-31　树木移植机装配总体

6.2 电动履带式竹木切断运输一体机三维设计

电动履带式竹木切断运输一体机是随着竹产业的发展，结合丘陵山地竹木规模化经营的机械化作业的要求，而研发的一款小型多功能林区作业设备。本节就以所研制的电动履带式竹木切断运输一体机为例，来介绍复杂的林业机械的关键机构建模及三维样机的装配方法。用到的 Solidworks 设计方式主要为 3D 草图的建立、焊件工具、修改调用焊件轮廓、异型孔工具、装配体带传动约束等。

6.2.1 电动履带底盘关键机构的设计

电动履带式竹木切断运输一体机的搭载底盘为电动履带底盘，其功能为运输竹木材和搭载其他工作装置，主要结构有电动履带底盘架体、行走轮系、履带。

1. 电动履带底盘架体的设计

（1）新建文件。启动 Solidworks2018，单击"新建"按钮，在弹出的对话框中双击"零件"按钮，或单击"零件"按钮后单击"确定"按钮，新建一个零件文件。

（2）绘制 3D 草图。单击草图菜单中草图绘制下拉菜单中的 3D 草图，进入 3D 草图环境。利用草图绘制工具绘制如图 6-32 所示的草图轮廓，草图完成以后单击"退出草图"按钮，完成草图，并退出草图环境。

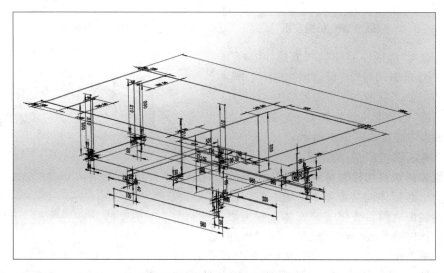

图 6-32　履带底盘架体 3D 草图

（3）创建焊件特征。此处会发现结构构件库中没有我们需要的 40mm×20mm×2.5mm 的矩形管焊件轮廓，所以首先要创建我们需要的焊件轮廓。

首先点击如图 6-33 所示 Solidworks 上层菜单栏的工具菜单中的选项命令，也可点击如图 6-34 所示上层菜单栏最后一项工具选项，在打开的系统选项菜单中选择如图 6-35 所示的文件位置-焊件轮廓，查看焊件轮廓文件存放的路径，在我的电脑中打开此路径，打开 iso 文件夹下的 rectangular tube 矩形管文件夹，任意复制一个文件另存为副本文件，将副本拖拽到 Solidworks 绘制主窗口中打开，选择 Sketch1 草图点击草图绘制命令 进行如图 6-36 所示的绘制，绘制完成后点击草图工具栏中的退出草图命令，点击文件工具栏下的保存按钮 保存(S) 进行保存。

图 6-33 选项打开方式一

此时重新打开电动履带底盘架体，点击焊件工具栏中的结构焊件命令如图 6-37 所示，在 Type 类型选项中选择矩形管，在大小选项栏中选择 40mm×20mm×2.5mm 的焊件轮廓。

注意：当使用 Solidworks 创建焊接特征，发现焊件轮廓库中没有需要调用的焊件轮廓时，可以通过在焊件轮廓库中自己修改、绘制创建，也可从网络上下载焊件轮廓放入焊件轮廓库文件夹中，进行调用。

（4）创建焊件特征组。点击 3D 草图的边线将结构构件应用于结构路径。同一组结构构件可以选择同一坐标轴方向的多条边线，不同坐标轴方向的边线需点击结构构件下方的新组按钮新建组选择另外坐标轴方向的边线，如图 6-38 所示。

在结构构件下方的翻转角度菜单中更改结构构件的放置角度如图 6-39 所示。

完成后，点击确定即可通过结构件扫描形成完整的电动履带底盘架体如图 6-40 所示。

图 6-34 选项打开方式二

图 6-35 文件位置

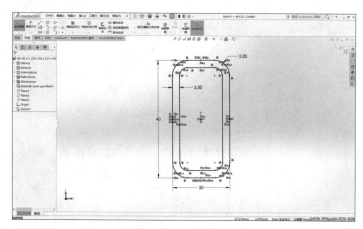

图 6-36　焊件轮廓图

图 6-37　结构构件属性管理界面

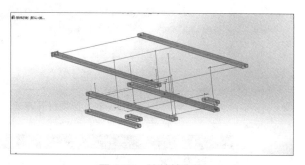

图 6-38　焊件特征组

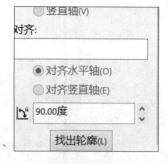

图 6-39　焊件翻转

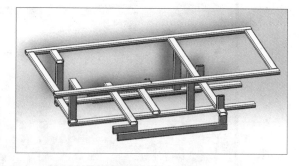

图 6-40　底盘架体

2. 支撑轮轴孔设计

（1）新建草图。选择电动履带底盘架体底部横杆侧面为草图绘制面，左键或右键点击后在弹出的快捷命令框中点击草图绘制按钮 ，或左键选择该面后点击菜单栏中的草图绘制按钮 ，在设计树中形成新建草图 2。

（2）绘制轴孔草图。在草图 2 中利用草图绘制工具，首先绘制如图 6-41 所示的一条矩形管中心线，在中心线上绘制一个距离近端为 20 的直径为 17 的圆，最后绘制两个在中心线上位于圆两侧的直径为 4 的小圆，草图完成以后单击"退出草图"按钮，完成草图。

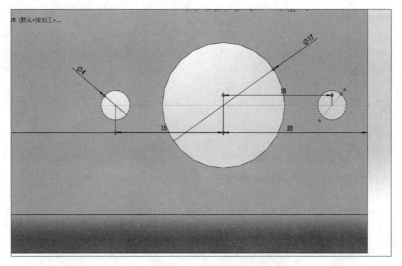

图 6-41　轴孔草图

（3）单击草图工具栏中的线性草图阵列按钮 ，在线性阵列属性管理器中选取 X 轴方向，修改距离为 135，数量为 5，选择要阵列的实体为三个圆，点击确定得到完整的轴孔草图如图 6-42 所示。

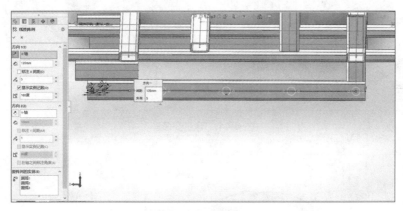

图 6-42　草图阵列

（4）创建切除特征。选择设计树中的草图 2，单击特征工具栏中的拉深切除特征，在拉伸切除属性管理器中选择方向栏中的成形到一面，旋转架体方向选择架体下方横杆的外侧面，点击确定，形成拉深切除特征，如图 6-43 所示。

3. 电池安装座设计

（1）点击选择设计树中的 3D 草图 1，添加四条边线。草图完成以后单击退出草图按钮。

（2）单击焊件工具栏中的结构焊件，选择 40mm×40mm×2mm 的角铁，点击需要扫描的边线，旋转方向后，点击确定得到如图 6-44 所示的电池安装座结构。

4. 驱动轮轴座设计

（1）草图绘制。选择底盘架体矩形短管内侧面绘制如下图 6-45 所示草图，绘制一条

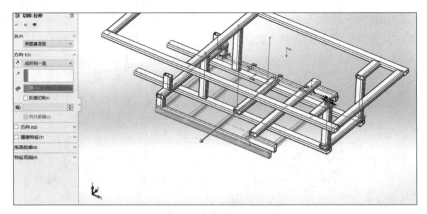

图 6-43　拉伸特征

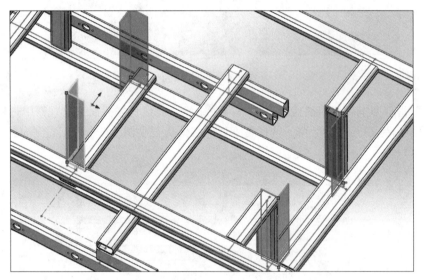

图 6-44　电池安装座

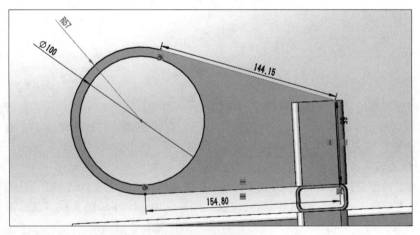

图 6-45　轴座草图

沿矩形管方向长度 65mm 的直线，以矩形管底端为起点沿水平方向绘制长度 154.8mm 的直线 1，另一端绘制一条无几何约束捕捉的长度为 144.15mm 的自由摆动直线 6mm，绘制半径 57mm 的圆 5。同时选择直线 6 和圆 5，在弹出的属性界面选择相切几何关系，同时选择直线 1 和圆 5，在弹出的属性界面选择相切几何关系。点击草图工具中的裁剪实体，将轮廓内的圆弧线切除，并画出与圆弧同心的直径 100mm 的圆。草图 1 完成以后单击退出草图按钮。

（2）创建拉伸特征。选择草图 1，单击拉伸按钮后将设计厚度拉伸至 50。

5. 驱动轮设计

（1）新建文件。单击"新建"按钮 ，在弹出的对话框中双击"零件"按钮 ，或单击"零件"按钮后单击"确定"按钮，新建一个零件文件。

（2）绘制草图、旋转凸台。在设计树中选择一个基准面，单击草图工具栏中的草图绘制按钮 ，进入草图绘制模式，绘制如图 6-46 所示的草图，绘制完成后点击草图工具栏中的退出草图按钮 。点击特征工具栏中的旋转凸台/基体按钮 ，选择 T 字型草图下端线为旋转轴，旋转 360°，点击确定 ，如图 6-47 所示。

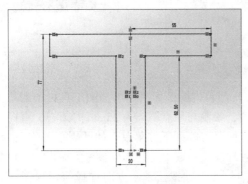

图 6-46　驱动轮草图

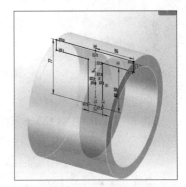

图 6-47　旋转凸台特征

（3）建立基准面。单击特征工具栏中参考几何体下拉菜单中的基准面按钮 ，在弹出的属性管理界面中选择第一、第二参考体为旋转凸台特征的两个对称圆面，参考关系选择两侧对称 ，单击确定完成如基准面的创建如图 6-48 所示。

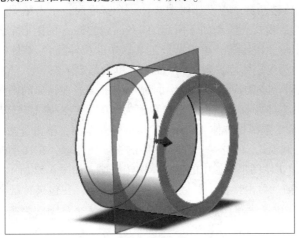

图 6-48　驱动轮基准面

(4)凸台拉伸单个齿特征。选择创建好的基准面点击草图工具栏中的草图绘制按钮，绘制如图 6-49 所示草图，单击草图工具栏中的线性草图阵列下拉菜单下的圆周草图阵列，选取草图中所有线条，在圆周草图阵列属性管理界面参数中选择阵列参考为原点，实例数修改为“10”，单击确定，得到如下图 6-50 所示草图，绘制完成后单击草图工具栏中的退出草图按钮，单击特征工具栏中的凸台拉伸按钮，在属性管理界面中方向选择两侧对称，数值为“20”，点击确定，得到拉伸凸台特征，如图 6-51 所示。

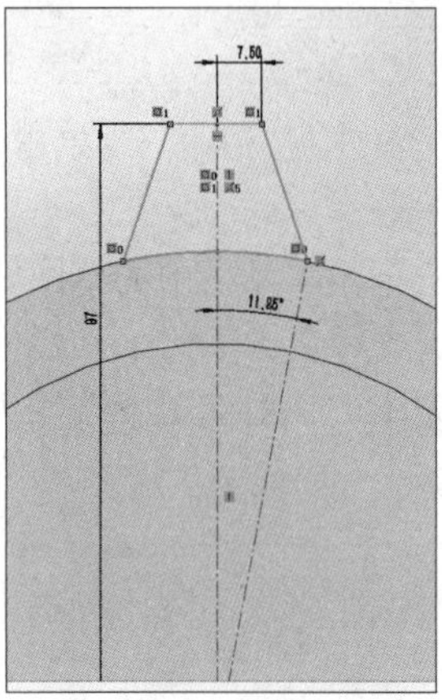

图 6-49　轮齿草图

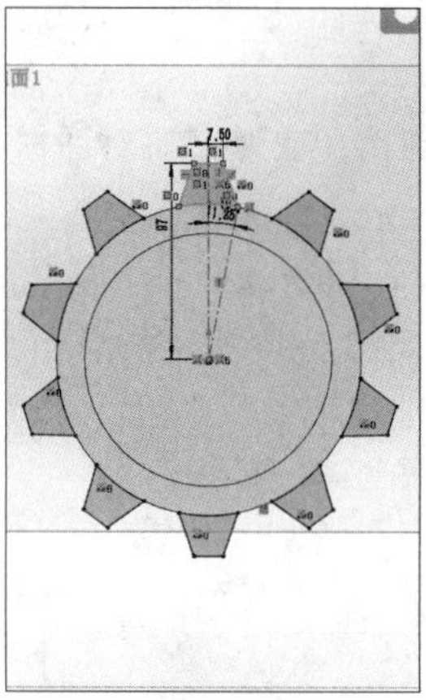

图 6-50　阵列轮齿草图

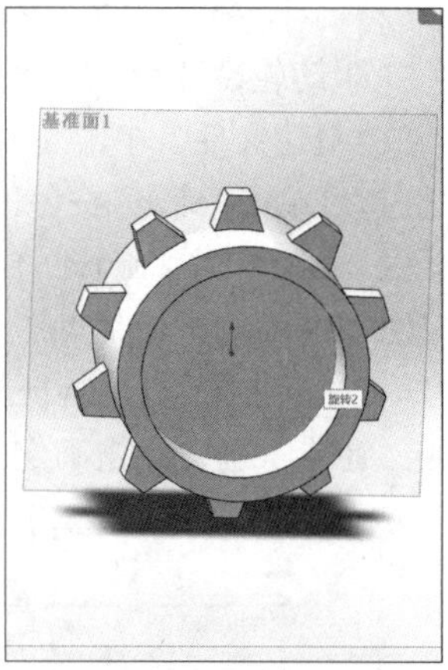

图 6-51　轮齿拉伸

(5)拉伸切除孔特征。选择创建好的旋转凸台内圈圆面，单击草图工具栏中的草图绘制按钮，点击草图工具栏中的圆绘制按钮，绘制与原点距离为 35mm 的圆心，直径为 8mm 的圆，单击确定，单击草图工具栏中的线性草图阵列下拉菜单下的圆周草图阵列，选取草图中所有线条，在圆周草图阵列属性管理界面参数中选择阵列参考为原点，实例数修改为“4”，点击确定，单击特征工具栏中的拉伸切除按钮，方向选择给定深度，数值为“20”，点击确定，完成驱动轮的设计。

6. 电池三维设计

(1)新建文件。单击“新建”按钮，在弹出的对话框中双击“零件”按钮，或单击“零件”按钮后单击“确定”按钮，新建一个零件文件。

(2)绘制草图、旋转凸台。在设计树中选择一个基准面，单击草图工具栏中的草图绘制按钮，进入草图绘制模式，绘制如下所示的 479mm×235mm 的矩形草图，绘制完成后单击草图工具栏中的退出草图按钮，单击特征工具栏中的拉伸凸台/基体按钮，在特征属性管理界面中选择方向为给定深度，数值为“200”，单击确定。

(3)创建圆角特征。点击特征菜单栏中的圆角按钮，在弹出的圆角特征属性管理界面中选择圆角项目为长方体所有边线，圆角参数值为“10”，点击确定，生成圆角。

(4)创建文字特征。选择长方体 479mm×235mm 的一个面，单击草图工具栏中的草图绘制按钮，进入草图绘制模式，单击草图工具栏中的文字按钮，在文字框中输入“95AH 锂电池”，点击确定，单击草图工具栏中的退出草图按钮，如图 6-52 所示。

(5)创建包裹特征。单击特征工具栏中的包裹按钮，在包裹特征属性管理界面中选择源草图为步骤(4)中的文字草图，包裹草图的面为文字草图的绘制面，点击确定，生成浮雕的文字特征，如图 6-53 所示。

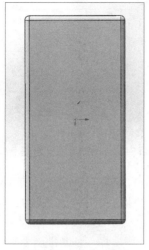

图 6-52 　文字草图

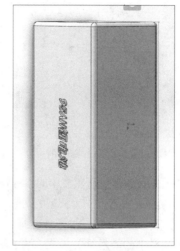

图 6-53 　包裹特征

6.2.2 　工作装置关键机构的设计

（1）新建文件。启动 Solidworks2016，单击"新建"按钮，在弹出的对话框中双击"零件"按钮，或单击"零件"按钮后单击"确定"按钮，新建一个零件文件。

（2）创建拉伸特征。单击草图工具栏中的草图绘制命令进入草图绘制环境，点击草图绘制工具栏中的边角矩形命令绘制 96mm×71mm 的矩形，点击退出草图绘制[退出草图]；单击特征工具栏中的拉伸凸台命令 ⬛，凸台拉伸属性栏选择方向为给定深度，数值为"14"。点击 ✓，完成凸台特征 1 的绘制，如图 6-54 所示。

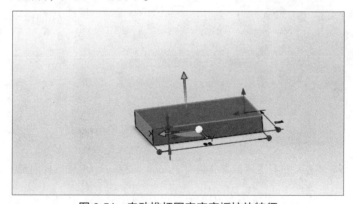

图 6-54 　电动推杆固定座底板拉伸特征

选定此凸台特征的上平面，单击草图工具栏中的草图绘制命令进入草图绘制环境，点击草图绘制工具栏中的边角矩形命令绘制 14mm×71mm 的矩形，点击退出草图绘制[退出草图]；单击特征工具栏中的拉伸凸台命令 ⬛，凸台拉伸属性栏选择方向为给定深度，数值为"200.5"。点击 ✓，完成凸台特征 2 的绘制，如图 6-55 所示。

选定此凸台特征拉伸出来后的 14mm×71mm 的端面，单击草图工具栏中的草图绘制命令进入草图绘制环境，点击草图绘制工具栏中的边角矩形命令绘制 96mm×71mm 的矩形，点击退出草图绘制[退出草图]；单击特征工具栏中的拉伸凸台命令 ⬛，凸台拉伸属性栏选择方向为给定深度，数值为"14"。点击 ✓，完成凸台特征 3 的绘制，如图 6-56 所示。

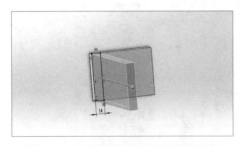

图 6-55　电动推杆固定座竖梁拉伸特征

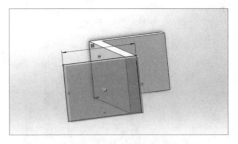

图 6-56　电动推杆固定座上板拉伸特征

（3）创建筋特征。点击特征工具栏中的参考几何体命令 🎯，在弹出的下拉菜单中选择基准面命令 🔲，选择第一、第二参考分别为模型的两个 Z 字型侧面，在基准面属性栏中选择参考关系分别为两侧对称，点击确定 ✔，完成参考基准面 1 的建立，如图 6-57 所示。

点击特征属性栏中的筋特征，根据参考提示此处要选择一处基准面、平面或边线来绘制横断面特征，在设计树中选择基准面 1 作为草图的绘制面，进入草图绘制界面，选定如下图所示的两条边线右键单击此边线，在草图工具栏中单击转换实体引用命令 🔘，得到平行投影在此平面上的两条直线，选定得到的直线在属性栏中点击作为构造线 ☑作为构造线⊙，点击确定 ✔。以构造线不相交的两个端点为端点绘制一条直线，点击退出草图绘制；进入筋特征预览界面，在左侧筋特征的属性修改筋的参数为"14"，点击确定 ✔，完成筋特征的绘制，如图 6-58 所示。

图 6-57　电动推杆固定座基准面

图 6-58　电动推杆固定座筋特征

（4）创建孔特征。点击特征工具栏中的异型孔向导命令 🕳，在异型孔规格属性栏🔳中修改参数，孔类型选择圆孔🔲，标准选择 GB，类型选择螺纹钻孔，孔规格选择 M6。切换到孔位置属性🔳，根据提示单击 3D 草图命令，在要绘制孔特征的面上点击放置四个孔位，单击草图工具栏中的智能尺寸命令 ◈ 来定位孔的位置点击确定 ✔，完成孔特征的绘制，如图 6-59 所示。

6.2.3　履带式电动竹木切断运输一体机装配体建立

本实例基于前文章节中绘制的关键零部件对整机模型进行装配搭建，由于零件较多，本节将整机分为底盘和工作装置两部分进行装配。去梢装置、切断装置、运输装置分别装配后再装配组成工作装置，装配过程如图 6-60 所示，其中底盘由如图 6-61 所示的底盘装配体零部件组成，工作装置由上文完成的设计结构组成。

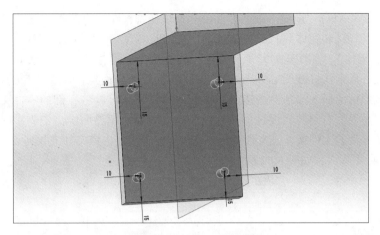

图 6-59　电动推杆固定座螺孔

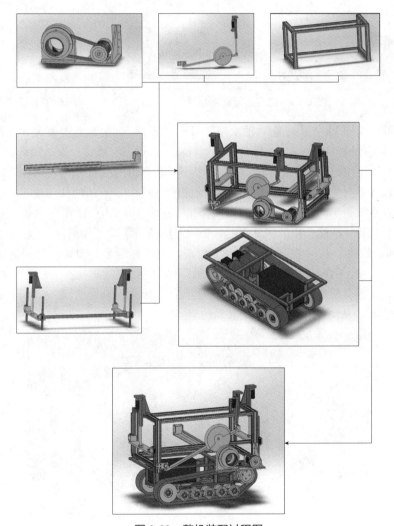

图 6-60　整机装配过程图

（1）新建文件。单击"新建"按钮 ▭ 或 Ctrl+N 快捷键，在弹出的对话框中双击"装配体"文件按钮 ▦ 或单击"装配体"按钮后单击"确定"按钮，新建一个装配体文件。

（2）插入"架体"。在打开的装配体文件工作界面可以通过两种方式来调用设计好的文件。在打开文件后默认打开的 property manager-属性管理界面点击浏览按钮选择架体零件，后续通过工具栏中的插入零部件按钮 ▦ 依次插入零件；也可以将我们的零件文件夹插入设计库中，点击主界面右侧的 ▦ 设计库按钮，在弹出的设计库界面中点击 ▦ 添加文件位置按钮，选择存放零件的文件夹，该文件夹出现在设计库中，点击该文件夹找到需要的零件直接拖入 Solidworks 主界面，如图 6-62 所示。

图 6-61　底盘装配体零部件　　　　　　　图 6-62　设计库界面

（3）插入"从动轮轴""从动轮""轴承座""轴承""轴承"调用时点击 ▦ 设计库按钮，依次点击选择 ▦ Toolbox 标准件库，▦ GB 零件库，▦ bearing-轴承标准件，滚动轴承零件库，将深沟球轴承 ▦ 左键按住拖动至 Solidworks 主窗口界面，在弹出的配置零部件属性管理界面中选择轴承型号尺寸系列代号 04，大小 6403，装配完成如图 6-63 所示的从动轮。点击装配体菜单中的配合命令按钮 ▦，在弹出的配合属性管理界面配合对象中选择轴承外圈圆柱面和轮子内圈圆柱面，选择标准配合中的同轴心配合如图 6-64 所示。之后如图 6-65 所示用同轴心配合关系将"从动轮轴""从动轮""轴承座""轴承"四个零件的某一圆柱面分别进行同轴心约束，可以同轴转动，用同轴心配合将"从动轮轴"和"轴承座"的螺孔与"底盘架"的螺孔进行同轴心约束，用重合配合将以上零件进行紧靠的重合约束，最终实现"从动轮轴"和"轴承座"的固定约束，"从动轮"和"轴承"的转动约束。

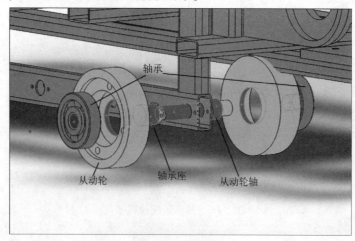

图 6-63　从动轮

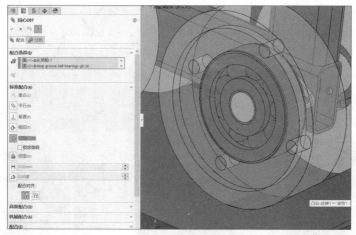

图 6-64　同心配合

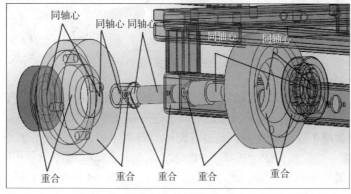

图 6-65　从动轮关系

（4）插入"张紧轮""张紧轮支架""从动轮轴""轴承"和"轴承座"，点击装配体工具栏中的配合命令 ⟨图⟩，选取相应的配合实体和相应的配合关系进行配合，其中"张紧轮""从动轮轴""轴承"和"轴承座"的配合关系与上一步中从动轮的配合关系相同，"张紧轮支架"和"底盘架体"需要分别选择两个部件的三个面两两配合，关系如图 6-66 所示。

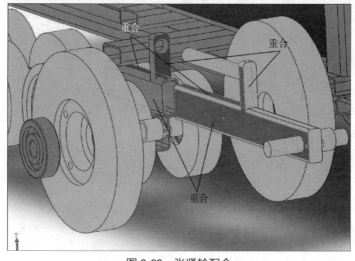

图 6-66　张紧轮配合

（5）插入"电机""驱动轮轴""驱动轮""轴承"，点击装配体工具栏中的配合命令 ，首先将"电机"的螺栓孔位与"底盘架体"的螺栓孔位进行同轴心配合，将"电机"的底部平面与"底盘架体"的电机安装位上平面进行重合配合；选择"电机"输出轴、"驱动轮轴""驱动轮""轴承"的圆柱面进行两两的同轴心配合，选择以上零件的接触面进行重合配合，配合关系如图 6-67 所示。

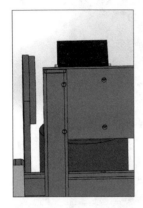
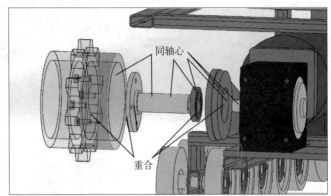

图 6-67　驱动轮配合

（6）履带装配。本文所设计的履带底盘使用的为橡胶履带，采用在装配体中建立传动带的配合，将配合转化为零件的一种画法，不同类型的履带所使用的画法也不相同，本文根据实际情况介绍本种履带模型的建立。点击装配体工具栏中的装配体特征按钮 下拉菜单下的皮带/链按钮 ，皮带构件依次选择"张紧轮""从动轮""驱动轮"的外侧圆柱面，皮带位置基准面选择张紧轮的外侧平面。点击确定后，生成如图 6-68 所示的履带轮廓。

图 6-68　履带轮廓

右键点击设计树中生成的皮带配合项目，在弹出的菜单中选择编辑特征，在弹出的属性管理栏中勾选最下方的生成皮带文件，点击确定即可生成一个皮带文件 。右键点击该文件，在弹出的菜单中点击打开文件 ，在打开的带零件文件设计树左键选中草图，点击草图

工具栏中的草图绘制 ⌒，点击草图工具栏中的等距实体按钮 ⌐，参数填入"25"，框选所有
线条，点击确定按钮 ✓，点击 ⌐ 退出草图绘制按钮，点击特征工具栏中的拉伸凸台按钮 ，
方向选择给定深度，给定量 110，点击确定按钮 ✓。点击文件菜单下的保存按钮，关闭窗口
返回到装配体窗口中，履带文件在装配体中同步建立，如图 6-69 所示。

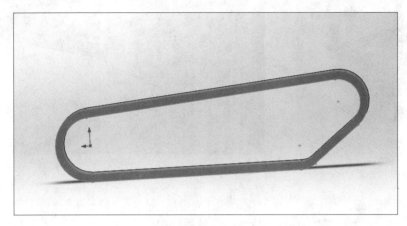

图 6-69 履带实体

(7)插入"锂电池"，点击装配体工具栏中的配合命令 ，选择"锂电池"的三个相邻面
与相应接触的"底盘架"电池安装位的三个面两两添加重合配合，配合关系如图 6-70 所示。
装配好电池之后，电动履带底盘的装配工作完成。

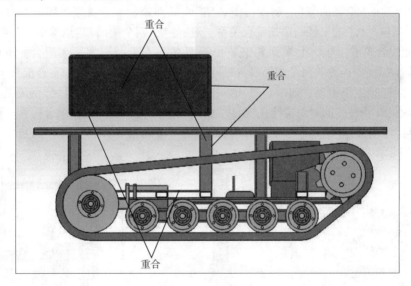

图 6-70 电池配合

(8)插入"运输架体"，点击装配体工具栏中的配合命令 ，选择运输架的三个互相不平
行的面分别与其相接触的底盘架体的三个面添加重合约束关系。约束关系如图 6-71 所示。

(9)装配运输机构，插入"电动推杆固定座""压紧电动推杆""压板""横向压板""滑块"
"导轨"，点击装配体工具栏中的配合命令 ，在配合关系属性管理界面中选择高级配合中
的宽度配合 ，宽度选择对象点击"电动推杆固定座"的两个 Z 字型侧面，薄片选择点击"运

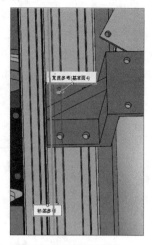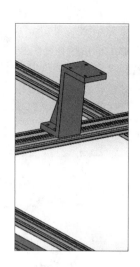

图 6-71　固定座配合

输架体"的两个侧面,点击确定☑,"电动推杆固定座"对齐"运输架体"横向中线。再次打开宽度配合,宽度选择在零件中手动建立的"电动推杆固定座"底座螺孔的两个平行参考基准面,薄片选择"运输架体"30mm×60mm 铝型材两个侧面,点击确定,螺栓孔与铝型材的固定孔配合完成。最后选择"电动推杆固定座"的底面和"运输架体"铝型材的上平面,添加重合配合。将"电动推杆固定座"固定在"运输架体"横向上平面中线位置。

对"电动推杆"的两个对角螺孔分别与"电动推杆固定座"的两个对角螺孔添加同轴心约束关系,"电动推杆"底面与"电动推杆安装座"安装面添加重合关系,如图 6-72 所示。对"导轨"与"运输架体"的安装面添加重合关系,对"导轨"两个侧面和"运输架体"铝型材的侧面添加宽度配合关系,导轨上端面和安装位铝型材的上表面添加距离配合,距离数值为"110"。选择"滑块"内侧的两个相邻面与对应"导轨"的两个相邻面添加重合配合关系,"滑块"可以沿"导轨"上下滑动,如图 6-73 所示。给"压板"的安装面和"滑块"的安装面添加重合配合关系,给"压板"的对角螺栓孔"滑块"的对角螺栓孔添加同轴心配合关系,给"压板"中间销孔与"电动推杆"销孔添加同轴心配合关系,"电动推杆"可以带动"压板"上下运动,如图 6-74 所示。

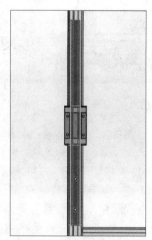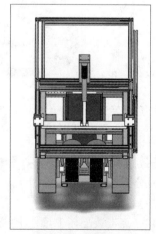

图 6-72　电动推杆配合　　　　图 6-73　导轨滑块配合　　　　图 6-74　压板配合

（10）装配定长切断机构，插入"轴座"。选择"轴座"上两个螺栓孔的圆柱面为薄片，选择铝型材的空槽为宽度选择面，分别添加宽度配合，"轴座"的后端面与铝型材添加重合配合，"轴座"与"运输架体"接触面添加重合配合，如图 6-75 所示。

插入"锯轴""轴承""锯柄"，选择"锯轴""轴承""锯柄"和"轴座"的内圈圆柱面分别添加同轴心配合，对相应的安装接触面添加重合配合，如图 6-76 所示。

插入"切断电动推杆""切断电动推杆固定座"，以上两个零件与压紧机构"压紧电动推杆"和"电动推杆固定座"装配相似这里不再说明，之后给"切断电动推杆"的销孔和"锯柄"销孔添加同轴心配合。

插入"电锯"，"电锯"安装面与锯柄安装面添加重合关系，"电锯"安装孔与"锯柄"螺孔添加同轴心关系，装配图如图 6-77 所示。

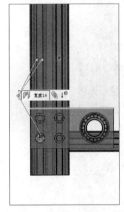

图 6-75 轴座配合

图 6-76 锯柄配合

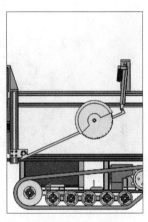

图 6-77 切割锯配合

（11）装配定长机构，插入"定长导轨转轴座""定长导轨""定长杆"，对"定长轴座"与"运输架体"前端面添加 850 的距离配合，螺孔与相接触的铝型材槽添加宽度配合，使螺孔中心处于铝型材槽的中线，"定长轴座"与"运输架体"二者接触面添加重合配合。

选择"导轨"转动轴圆柱面和"定长轴座"轴孔圆柱面添加同轴心配合，"导轨"与"定长轴座"接触面添加重合配合。

选择"导轨"与"定长杆"相接处的面添加重合关系，选择导轨上的螺柱圆柱面分别与"导轨"上的导轨槽一面添加相切关系。装配结果如图 6-78~图 6-80 所示。

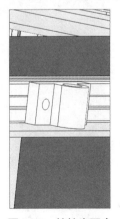

图 6-78 转轴座配合

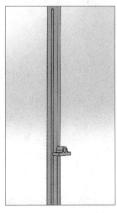

图 6-79 导轨配合

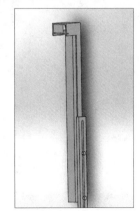

图 6-80 定长杆配合

（12）去稍机构装配，插入"去梢刀""刀座""B35 电机""皮带轮""轴承座""安装架""轴承 1028""轴承 61924"，零件图如图 6-81 所示。点击装配体工具栏中的配合命令 ，分别选择"去梢刀""刀座""轴承座""轴承 1028""轴承 61924"的内圈圆柱面，两两建立同轴心配合关系，"去梢刀"螺孔面与"刀座"螺孔面重合，"轴承 61924"一侧面与"去梢刀"轴承座圆面重合，"轴承 1028"左侧面与"轴承座"右端内圆面重合，"刀座"右端圆面与"轴承 1028"内圈右侧圆面重合。"轴承座""B35 电机"底部螺孔分别与"安装架"螺孔同轴心配合，"安装架"侧面螺栓孔位与"铝型材"固定槽宽度配合，"安装架"底面与"铝型材"底面重合，"皮带轮"键槽与电机轴键槽重合，"皮带轮"轴孔与电机轴同轴心。皮带配合与履带底盘履带的生成方法相同，这里不再作具体说明。

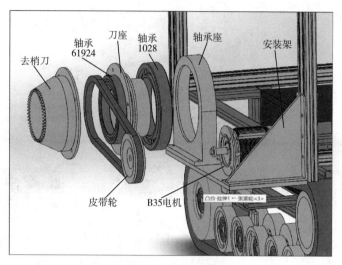

图 6-81　去梢机构配合

〔上机练习题〕

1. 通过测绘典型草坪修剪机零部件尺寸，完成草坪修剪机三维设计。

2. 通过调研测绘适用于丘陵山地的轨道运输机零部件尺寸，完成轨道运输机的三维设计。

项目 7　典型农林机械运动仿真方法

7.1　典型机构运动仿真方法

7.1.1　平面四杆机构的运动学仿真

平面四杆机构是由四个刚性构件组成的，用低副链接且各个运动构件均在同一平面内运动的机构。平面四杆机构可分为铰链四杆机构、曲柄摇杆机构、双摇杆机构等。

设计平面四杆机构需要满足格拉霍夫定理，该定理有四点：平面四杆机构中，最长杆和最短杆的长度之和应该小于或等于其余两杆长度之和；在铰链四杆机构中，如果某个转动副能够成为周转副，则其所连接的两个构件中必有一个为最短杆；在有整转副存在的铰链四杆机构中，最短杆两端的转动副均为周转副。如果这时取最短杆为机架，则得到双曲柄机构；若取最短杆的任何一个相连杆为机架，则得到曲柄摇杆机构；如果取最短杆对面构件为机架，则得到双摇杆机构；如果四杆机构不满足杆长条件，则不论选取哪个构件为机架，所得到机构均为双摇杆机构。

1. 建模过程

（1）新建文件。启动 Solidworks2018，单击"新建"按钮 □，在弹出的对话框中单击"零件"按钮🗌 零件后单击确定，新建一个零件文件。

（2）绘制草图。在设计树中选择"前视基准面"为草图绘制平面，单击"草图"工具栏中的"草图绘制"按钮 ⊏，分别绘制直径为 5mm、15mm 的同心圆，在离圆心水平距离为 50mm 的位置再次绘制上述两个圆，最后用水平直线将直径 15mm 的圆相连并单击"剪裁实体"按钮 🗱剪裁实体□进行修改，完成草图绘制，如图 7-1 所示。

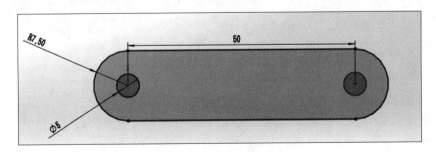

图 7-1　零件 1 的草图绘制

（3）"拉伸凸台/基体"特征创建。完成草图绘制后，单击"特征"工具栏中的"拉伸凸台/基体"按钮 🗐，在弹出的属性管理器中设置方向 1 为"给定深度"，拉伸深度为 5mm，完成零件1的创建。根据绘制零件1的方法参照图7-2至图7-4所示的草图，绘制出零件2、零件3、零件4，完成平面四杆机构四根杆件的建模。

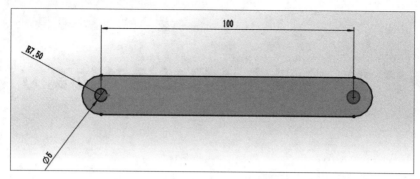

图7-2　零件2的草图绘制

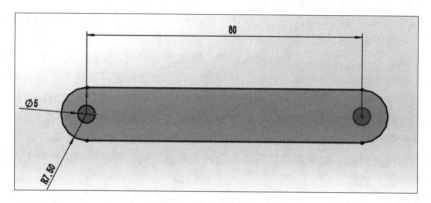

图7-3　零件3的草图绘制

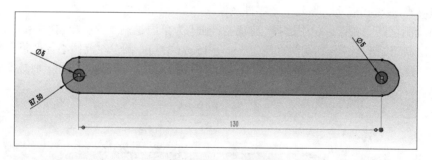

图7-4　零件4的草图绘制

2. 装配过程

（1）新建文件。启动Solidworks2018，单击"新建"按钮，在弹出的对话框中单击"装配体"按钮 装配体后单击确定，新建一个装配体文件。

（2）插入零件。单击"装配体"工具栏中的"插入零部件"按钮，在弹出的文件夹界面中选择"零件1. sldprt"，然后单击"打开"按钮。此时，被打开的"零件1"模型会显示在绘图区，利用鼠标拖动零部件。用同样的方法插入"零件2""零件3""零件4"。导入完成后，在设计树栏中右键单击零件2，在下拉栏中单击固定，如图7-5所示，将其作为机架。

（3）添加配合关系。单击"装配体"工具栏中的"配合"按钮，弹出"配合"属性管理器，在绘图区分别选择"零件1"和"零件2"的圆孔边线，配合方式选择"标准配合"中的"同轴心"，然后单击"确定"，如图7-6所示。同时选择零件1与零件2的表面，配合方式选择"标准配合"中的"重合"，然后单击"确定"，如图7-7所示。用同样的配合方式，分别将零件1与零件4、零件4与零件3、零件3与零件2进行配合，所有配合完成后可在界面左侧点击"配合"按钮， 配合 可查看出装配体中所有的配合方式，如图7-8所示。所有装配完成后，得到装配体如图7-9所示。

图7-5 右击零件2的下拉栏

图7-6 同轴心配合 　　图7-7 重合配合

图7-8 配合方式列举

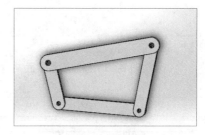

图7-9 装配体

3. 仿真过程

（1）单击"评估"工具栏中的"干涉检查" 按钮，来检查装配体是否发生干涉，在弹出的对话框中单击"计算"按钮，计算结果如图7-10所示，可以看出该配合无干涉产生。

（2）单击"装配体"工具栏中的"新建运动算例" 按钮，弹出如图7-11所示的工具栏，单机"马达" 按钮，并将其安装在"零件1"上，马达的设置界面如图7-12所示，在此界面中可根据需求设置马达转速和旋转方向，设置完成后单击 即可。

（3）单机"播放" ▶ 按钮，如图7-13所示，就能完成曲柄连杆机构的运动学仿真，在播放时亦可选择播放的速度。

图7-10 干涉检查

（4）选择 Motion 分析 ，单击 按钮可进行计算与结果操作，本书选择角位移分析计算为例，选择"零件1"与"零件2"的配合面，相关设置如图7-14所示，经过计算后，可查看结果如图7-15所示。

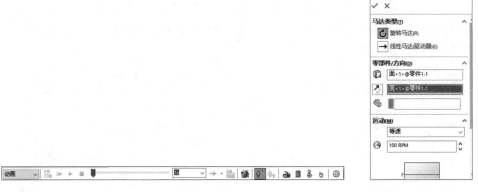

图 7-11　运动算例工具栏　　　　　　　　图 7-12　马达设置

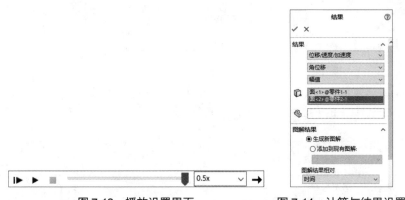

图 7-13　播放设置界面　　　　　　　　图 7-14　计算与结果设置

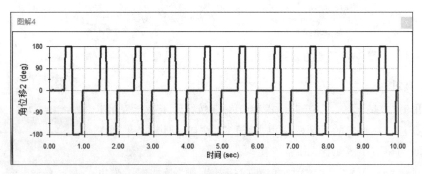

图 7-15　角位移计算结果图

7.1.2　压榨机机构的装配与仿真

选择"文件"→"新建"→"装配体"命令，建立一个新装配体文件。依次将机架和压榨杆添加进来，添加机架与压榨杆的同轴心配合关系，如图7-16所示。再将滑块添加进来，添加滑块与压榨杆的重合配合关系，如图7-17所示。

图 7-16 机架与压榨杆的同轴心配合

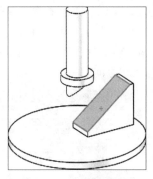

图 7-17 滑块与压榨杆的重合配合

如图 7-18 所示添加滑块端面与机架端面的重合配合关系，以及滑块前视基准面与机架前视基准面的重合配合关系（如图 7-19 所示点击图形区域左边的装配体下的机架前的"+"号即可找到前视基准面），最后将滑块拖动到中间位置。

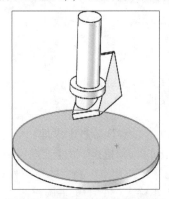

图 7-18 机架与滑块的重合配合

图 7-19 机架与滑块前视基准面的重合配合

仿真前先将"Solidworks motion"插件载入，单击工具栏中按钮" 📇 ▾ "的下三角形，选择其中的"插件"，在弹出的"插件"设置框中，选中"Solidworks motion"的前后框，如图 7-20 所示。在装配体界面，单击左下角的"运动算例"，再在"算例类型"下拉列表中选择"motion 分析"如图 7-21 所示。

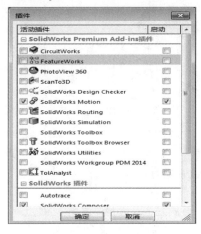

图 7-20 载入插件

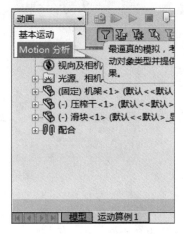

图 7-21 motion 分析

添加实体接触：单击工具栏上的"接触按钮"🐚，在弹出的属性管理器中"接触类型"栏内选择"实体接触"，在"选择"栏内，点击视图区中压榨杆和滑块，"材料"栏内都选择"steel（dry）"，单击"确定"按钮"✓"，如图 7-22 所示。再为滑块与机架添加实体接触，参数设置与压榨杆与滑块之间的一样。

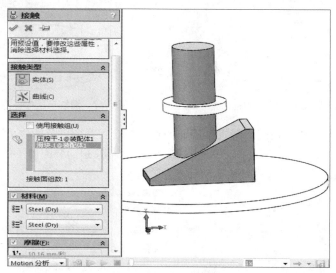

图 7-22　添加实体接触

添加驱动力：物体对压榨杆的反作用力即为驱动力，故在压榨杆上添加一恒力即可。单击如图 7-23 所示的工具栏中的"力"按钮"🔨"，在弹出的"力/扭矩"属性管理器中，"类型"选择"力"，"方向"选择"只有作用力"，"作用零件和作用应用点"🔲，选择压榨杆上表面，单击🔨改变力的方向向下，"力函数"选择"常量"，大小输入"50"，单击确定按钮。

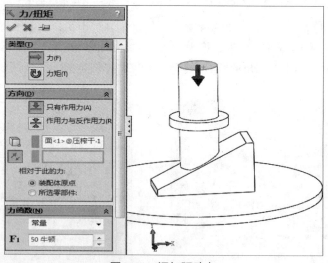

图 7-23　添加驱动力

仿真：将播放速度设置为 5 秒，右击"键码属性"，选择"编辑关键点时间"，输入"0.05"确定。如图 7-24 所示。然后选择工具栏中的"运动算例属性"按钮🗒，在弹出的"运动算例属性"管理器中，将 motion 分析下的每秒帧数改为 1000 并单击确定，如图 7-25 所示。

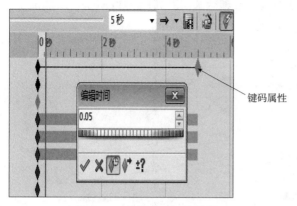

图 7-24　关键点时间的设置

图 7-25　帧数的设置

最后在工具栏中选择"计算"按钮，待计算完成后，点击如图 7-26 所示的"结果和图解"按钮，选取类别为"位移/速度/加速度"，选取子类别为"质量中心位置"，选取结果分量为"X 分量"，其中右侧显示栏选择滑块的一表面，单击确定。同理可得 Y 分量的图形。如图 7-27 所示。

图 7-26　测量参数

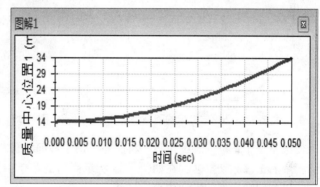

图 7-27　测量结果

7.1.3　凸轮机构的装配与仿真

选择"文件"→"新建"→"装配体"命令，建立一个新装配体文件。依次将机架和摆杆添加进来，添加摆杆和机架的同轴心配合关系，如图 7-28 所示。其端面添加重合配合关系，如图 7-29 所示。

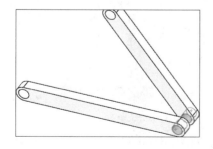

图 7-28　摆杆和机架的同轴心配合

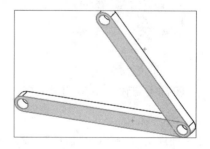

图 7-29　摆杆和机架的重合配合

将滚子添加进来，添加滚子与摆杆的同轴心配合关系，如图 7-30 所示。添加滚子与摆杆的端面重合配合关系，如图 7-31 所示。

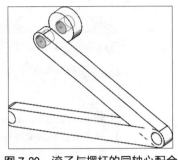 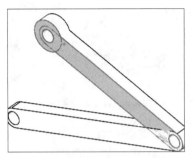

图 7-30　滚子与摆杆的同轴心配合　　　图 7-31　滚子与摆杆的重合配合

将凸轮添加进来，依次添加凸轮与机架的同轴心配合关系、重合配合关系，如图 7-32、图 7-33 所示。

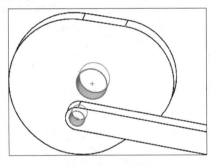 

图 7-32　凸轮与机架的同轴心配合　　　图 7-33　凸轮与机架的重合配合

为使滚子处于正确的装配位置，将凸轮与滚子柱面添加相切配合关系，如图 7-34 所示。在设计树中右击该相切配合，在如图 7-35 所示弹出的菜单中选择"压缩"，使该相切暂时不起作用，以免影响后面的运动仿真。

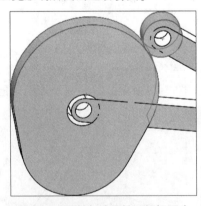 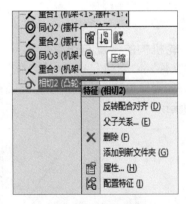

图 7-34　凸轮与滚子柱面相切配合　　　图 7-35　添加压缩

仿真前先将"Solidworks motion"插件载入，单击工具栏中按钮"📊·"右侧的下三角形，选择其中的"插件"，在弹出的"插件"设置框中，选中"Solidworks motion"的前后框，如图 7-36 所示。在装配体界面，单击左下角的"运动算例"，在"算例类型"下拉列表中选择"motion 分析"，如图 7-37 所示。

图 7-36　载入插件

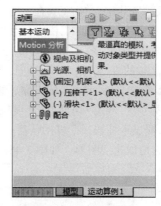

图 7-37　motion 分析

添加马达：单击如图 7-38 所示工具栏中"马达"按钮，在弹出的马达菜单中，"马达类型"选择旋转马达，"零部件方向"中马达位置，选择如图 7-39 所示模型中凸轮的基圆边线。在"运动"中选择等速，参数设置为"72"rpm。

图 7-38　凸轮马达参数设置

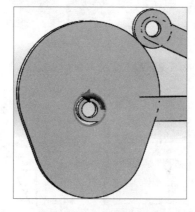

图 7-39　凸轮马达位置

将时间长度中的键码属性拖动到 1 秒，如图 7-40 所示。然后选择工具栏中的"运动算例属性"按钮，在弹出的"运动算例属性"管理器中，将 motion 分析下的每秒帧数改为"100"并单击确定，如图 7-41 所示。

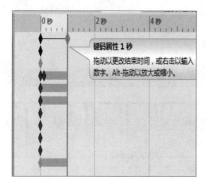

图 7-40　关键点时间的设置

图 7-41　帧数的更改

添加实体接触与引力：单击工具栏上的"接触按钮" 🌀，在弹出的属性管理器中"接触类型"栏内选择"实体接触"，在"选择"栏内，点击视图区中凸轮和滚子，"材料"栏内都选择"steel (dry)"，单击"确定"按钮" ✔ "，如图 7-42 所示。单击工具栏上的"引力"按钮 🐢，在弹出的"引力参数"栏内选择 Y 轴的负方向作为参考方向，数值为默认值，单击确定，如图 7-43 所示。

最后在工具栏中选择"计算"按钮 🖳，待计算完成后，点击如图 7-44 所示"结果和图解"按钮 🖳，选取类别为"位移/速度/加速度"，选取子类别为"角位移"，选取结果分量为"幅值"，其中 🗌 右侧显示栏选择摆杆的任意一表面，单击确定。角位移曲线如图 7-45 所示。同理可得 Z 分量的角加速度图形，如图 7-46、图 7-47 所示。

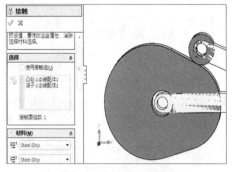

图 7-42 添加实体接触

图 7-43 添加引力

图 7-44 角位移参数设置

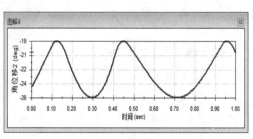

图 7-45 角位移曲线

图 7-46 角加速度参数设置

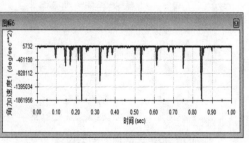

图 7-47 角加速度曲线

7.1.4　夹紧机构的装配与仿真

选择"文件"→"新建"→"装配体"命令，建立一个新装配体文件。依次将机架和杻板添加进来，添加机架与杻板的同轴心配合关系，如图 7-48 所示。其端面添加重合配合关系，如图 7-49 所示。

将手柄添加进来，添加手柄与杻板的同轴心及端面配合关系，如图 7-50、图 7-51 所示。

将支架添加进来，添加支架与手柄的同轴心配合及重合配合关系，如图 7-52、图 7-53 所示。

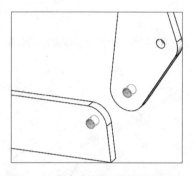

图 7-48　机架与杻板的同轴心配合

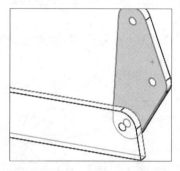

图 7-49　机架与杻板的重合配合

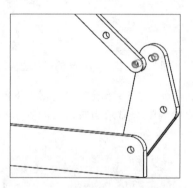

图 7-50　手柄与杻板的同轴心配合

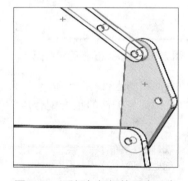

图 7-51　手柄与杻板的重合配合

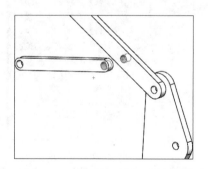

图 7-52　手柄与支架的同轴心配合

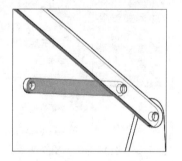

图 7-53　手柄与支架的重合配合

将钩头添加进来，添加钩头与支架的同轴心配合，如图 7-54 所示。再添加钩头与杻板的同轴心及重合配合关系，如图 7-55、图 7-56 所示。最后添加钩头底面与机架上表面的重合配合，如图 7-57 所示。

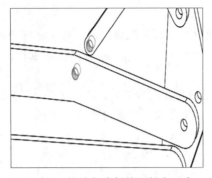

图 7-54　钩头与支架的同轴心配合

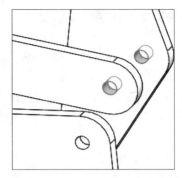

图 7-55　钩头与杻板的同轴心配合

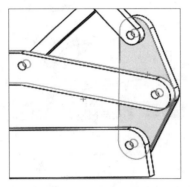

图 7-56　钩头与杻板的重合配合

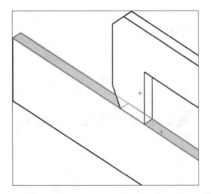

图 7-57　钩头与机架的重合配合

为了仿真的顺利进行，右击机架与钩头的重合配合，选择压缩按钮 ，将此配合先压缩。同理再将钩头与工件的重合配合压缩。压缩后的配合显示为灰色，如图 7-58、图 7-59 所示。

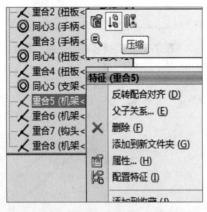

图 7-58　压缩钩头与机架的重合配合

图 7-59　压缩结果

仿真前先将"Solidworks motion"插件载入，单击工具栏中按钮" "右侧的下三角形，选择其中的"插件"，在弹出的"插件"设置框中，选中"Solidworks motion"的前后框，如图 7-60 所示。在装配体界面，单击左下角的"运动算例"，再在"算例类型"下拉列表中选择"motion 分析"，如图 7-61 所示。

图 7-60 载入插件

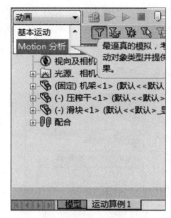

图 7-61 motion 分析

添加压力：单击工具栏中的"力"按钮""，在弹出的"力/扭矩"属性管理器中，"类型"选择"力"，"方向"选择"只有作用力"，"作用零件和作用应用点"，选择手柄端部分割线，单击 改变力的方向向下。将"相对于此的力"下的"所选零部件"激活，然后选择手柄。"力函数"选择"常量"，大小输入"90"，单击确定按钮。如图 7-62、图 7-63 所示。

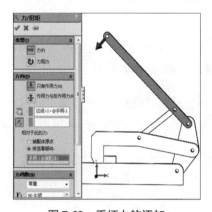

图 7-62 手柄力的添加

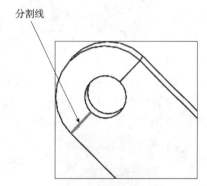

图 7-63 手柄端部分

将播放速度设置为 5 秒，右击"键码属性"，选择"编辑关键点时间"，输入"0.03"确定，如图 7-64 所示。选择工具栏中的"运动算例属性"按钮，在弹出的"运动算例属性"管理器中，将 motion 分析下的每秒帧数改为"1000"并单击确定，如图 7-65 所示。

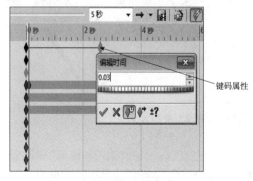

图 7-64 关键点时间的设置

图 7-65 帧数的更改

添加实体接触：单击工具栏上的"接触按钮" ，在弹出的属性管理器中"接触类型"栏内选择"实体接触"，在"选择"栏内，选中"使用接触组"复选框，零部件组 1 中用鼠标在视图区选中钩头，零部件组 2 中选择机架与工件。"材料"栏内都选择"steel（dry）"，单击"确定"按钮" "，如图 7-66 所示。

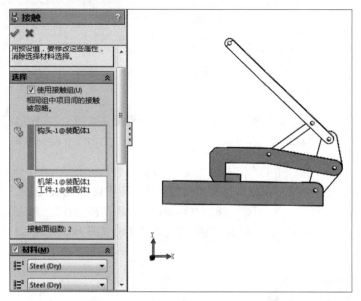

图 7-66　钩头与工件以及机架接触参数设置

添加弹簧：单击工具栏上的弹簧按钮 ，在弹出的属性管理器中"弹簧类型"选择"线性弹簧"，在"弹簧参数"栏内，"弹簧端点"选择视图区中工件的边线与机架倒圆处边线，"弹簧常数"输入"100"，单击确定，如图 7-67 所示。

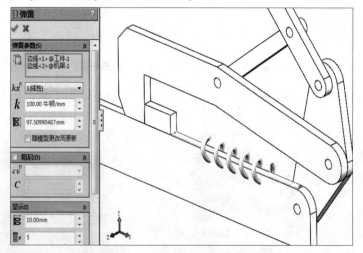

图 7-67　工件与机架弹簧参数设置

最后在工具栏中选择"计算"按钮 ，待计算完成后，点击"结果和图解"按钮 ，选取类别为"力"，选取子类别为"反作用力"，选取结果分量为"幅值"，其中 右侧显示栏选择设计树中的线性弹簧如图 7-68 所示，单击确定，生成弹簧反作用力幅值曲线图，如图 7-69 所示。

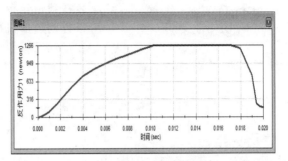

图 7-68　弹簧参数设置　　　　　图 7-69　弹簧反作用力图解

7.2　悬杯式蔬菜移栽机运动仿真方法

悬杯式蔬菜移栽机的主要栽植机构由主动栽植轮、偏心栽植轮和悬杯式栽苗器组成。悬杯式栽苗器通过两点与栽植轮铰接，构成若干平行四边形结构，使悬杯在随栽植轮旋转时始终垂直于地面，如图 7-70 所示。工作时，栽植轮随整机前进的同时也绕自身转轴旋转，由人工将钵苗放入旋转到喂苗位置处于闭合状态的悬杯内，钵苗随栽植轮继续向下转动；当悬杯转到落苗位置时，由控制机构打开，钵苗落入苗沟内，随后覆土定植；落完苗的悬杯由控制机构关闭，并随栽植轮继续转动，直到回到喂苗位置开始下一次栽苗。图中 L 为同一栽植轮上相邻两个栽苗器的安装位置之间的弦长，R 为栽植轮半径，α 为相邻轮辐之间的夹角。

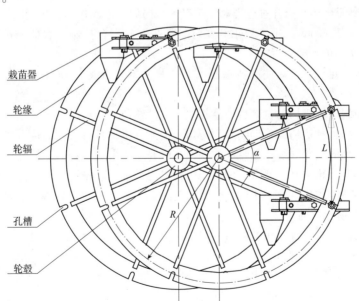

图 7-70　栽植轮的结构简图

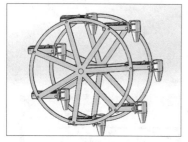

图 7-71　悬杯式蔬菜移栽机栽植轮

本节主要介绍如图 7-71 所示的悬杯式蔬菜移栽机的装配及运动仿真过程，悬杯式移栽机的栽植轮主要包括栽苗器、偏心轮盘两个部分，分别如图 7-72、图 7-73 所示。两个栽植轮偏心安装在栽植轮架上，与悬杯式栽苗器共同构成一个平行四边形机构，该机构能够使承载钵苗的悬杯在运动过程中始终垂直于地面，从而保证栽植的直立度。

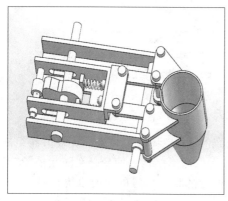

图 7-72　栽苗器

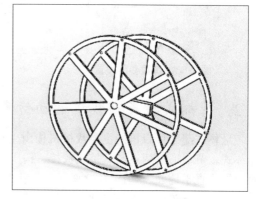

图 7-73　偏心轮盘

栽苗器的打开和关闭是由凸轮连杆组合机构控制的，凸轮连杆组合机构是由连杆机构和凸轮机构按一定工作要求组合而成的，它综合了这两种机构各自的优点，能够实现复杂的运动轨迹或满足某些特定的要求。根据蔬菜移栽农艺要求悬杯投苗时需要快速水平张开、缓慢地关闭，而且要使悬杯在张开过程中对钵苗有一个向后的推动作用，采用凸轮连杆组合机构作为控制装置能很好的满足生产要求。在对悬杯张开与闭合控制装置的结构进行具体设计时，需要考虑以下几点设计要求：

（1）悬杯张开足够大，能使钵苗顺利离开悬杯，即要求悬杯开口尺寸大于钵苗的最大尺寸。

（2）合理布置连杆机构的位置，使悬杯向后推动钵苗的距离尽量大。

（3）合理选择连杆机构的传动角和压力角，使连杆机构具有较好的传力特性。

（4）设计合理的凸轮廓线，使悬杯实现快速张开、缓慢关闭的运动特点。

（5）合理确定凸轮的基本参数，使整个机构受力合理、动作灵活、结构紧凑。

（6）栽苗器整体的长度要小于同一个栽植轮相邻两铰接点之间的弦长，即满足栽苗器随栽植轮转动时互不干涉的条件。

（7）使钵苗落地时具有较小的向后的绝对速度，从而满足既能保证钵苗的直立度又避免钵体受到冲击损伤的生产要求。

综合考虑以上设计要求，可以确定悬杯式栽苗器悬杯张开与闭合控制装置的各主要杆件长度及整体布局如图 7-74 所示，其中凸轮从动件的行程为 15mm，此时悬杯最大张口约为 65mm，足够使钵苗顺利离开悬杯；栽苗器整体长度约为 220mm，满足栽苗器随栽植轮转动时互不干涉的条件。

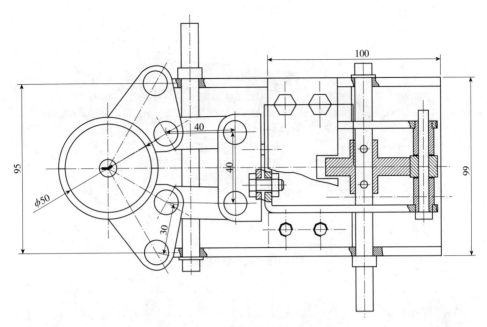

图 7-74　悬杯式栽苗器整体布局图

7.2.1　栽苗器凸轮三维设计

栽苗器的装配图如图 7-75 所示，其中凸轮是栽苗器中凸轮连杆组合机构的核心零件，悬杯式蔬菜移栽机是根据凸轮的运动从而控制推杆向外拉伸或向内压缩的距离，从而完成不同阶段对移栽杯的打开与闭合循环，其具体建模过程如下：

（1）新建文件。启动 Solidworks2018，单击"新建"按钮 □，在弹出的对话框中单击"零件"按钮 零件 后单击确定，新建一个零件文件。

（2）绘制草图 1。在设计树中选择"前视基准面"为草图绘制平面，单击"草图"工具栏中的"草图绘制"按钮 □，分别依据图 7-76 所示，绘制出凸轮轮廓点。单击"草图"工具栏中"样条曲线"按钮 Ⅳ，将上述轮廓点进行平滑连接，其余部分用直线、圆弧连接，连接完成后得到草图 1，如图 7-77 所示。

（3）"拉伸凸台/基体"特征创建。完成草图绘制后，单击"特征"工具栏中的"拉伸凸台/基体"按钮 ●，在弹出的属性管理器中设置方向 1 为"给定深度"，拉伸深度为 14，完成特征的创建。

（4）绘制草图 2。单击"凸台-拉伸 1"表面，选择"草图"工具栏中的"草图绘制"按钮 □，绘制草图 2，如图 7-78 所示。

（5）"拉伸切除"特征创建。完成草图 2 创建后，单击"特征"工具栏中的"拉伸切除"按钮 ●，在弹出的属性管理器中设置方向 1 为"完全贯穿"，完成特征的创建。

（6）"圆角"特征创建。单击"特征"工具栏中的"圆角"按钮 ●，分别对零件轮廓进行 R7 与 R4 的处理，使零件外观更加平滑。

（7）"曲面缝合"处理。在菜单栏中单击"插入"→"曲面"→"缝合曲面"，在弹出的对话框中，选中所绘制凸轮的轮廓面，确定即可。操作完成后，所绘制凸轮如图 7-79 所示。

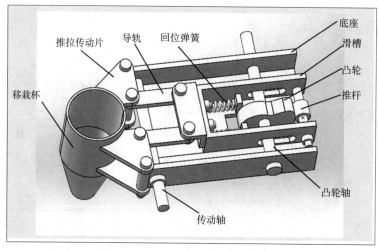

图 7-75 栽苗器装配图

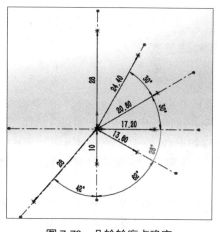

图 7-76 凸轮轮廓点确定

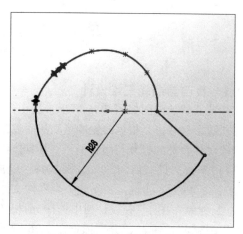

图 7-77 草图 1

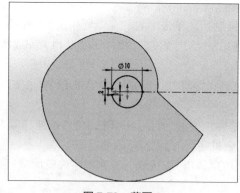

图 7-78 草图 2

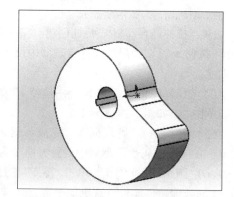

图 7-79 凸轮零件图

7.2.2 装配过程

悬杯式蔬菜移栽机装配体可分为三个部分：栽苗器装配（图 7-75）；偏心轮盘装配（图 7-73）；总装配。

第一部分：栽苗器装配

（1）新建文件。启动 Solidworks2018，单击"新建"按钮，在弹出的对话框中单击"装配体"按钮 装配体 后单击确定，新建一个装配体文件。

（2）插入零件。单击"装配体"工具栏中的"插入零部件"按钮，在弹出的文件夹界面中导入"底座 . sldprt""移栽杯 . sldprt""传动轴 . sldprt""凸轮 . sldprt""弹簧 . sldprt"等零件，并将"底座"进行固定。

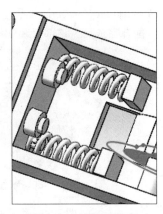

（3）添加配合关系。由于配合方法并不是唯一确定的，读者可根据自己的习惯采用其他的方式进行配合。本文所采用配合方式较多，但大多采用较为简单的配合方式，在此仅介绍部分较为复杂的配合方式。

弹簧的固定。单击"装配体"工具栏中的"配合"按钮，在弹出的对话框中，选择"弹簧"螺线与凸起"圆柱体"的边线，配合方式选择"同轴心"，选择"弹簧"末端的切平面与底座"立柱"平面，配合方式选择"重合"。再以同样的配合方式，完成另一根弹簧的固定。固定之后的弹簧，如图 7-80 所示。

图 7-80　弹簧的固定

凸轮轴的距离配合。选择"凸轮轴"表面与"滑块"所开的圆弧槽面，点击高级配合，配合方式选择"距离"，相关参数设计如图 7-81 所示。

图 7-81　凸轮轴距离配合

图 7-82　草图绘制相关设置

　　添加路径配合。首先，在"凸轮"零件图中，添加草图，在尺寸中选中凸轮边线的草图，距离设定为 7，相关设置如图 7-82 所示，绘制出的草图如图 7-83 所示。其次，单击"配合"按钮，在"高级配合"中选择"路径配合"，零部件顶点选择路径草图上的点，路径选择点击下方 Selection Manager，然后选择为凸轮轴的闭环曲线。相关设置如图 7-84、图 7-85 所示。

　　配合完成后，该部分装配体如图 7-75 所示。

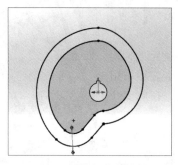

图 7-83　路径草图绘制

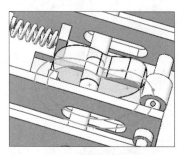

图 7-85　路径配合图解

图 7-84　路径配合相关设置

第二部分：偏心轮盘装配

　　（1）新建文件。启动 Solidworks2018，单击"新建"按钮，在弹出的对话框中单击"装配体"按钮 装配体 后单击确定，新建一个装配体文件。

　　（2）插入零件。单击"装配体"工具栏中的"插入零部件"按钮 插入零部件，在弹出的文件夹界面中导入"轮盘.sldprt""偏心轴.sldprt"零件。

　　（3）添加配合关系。单击"装配体"工具栏中的"配合"按钮 配合，弹出"配合"属性管理器，在绘图区分别选择"偏心轴轴端"和"轮盘圆孔"的圆弧边线，配合方式选择"标准配合"中的"同轴心"，然后单击"确定"，然后继续选择"轮盘"与"偏心轴轴端"的外表面，配合方式选择"标准配合"中的"重合"，然后单击"确定"。用同样的方式进行另一侧的"轮盘"与"偏心轴"的配合。

　　配合完成后，该部分装配体如图 7-73 所示。

第三部分：总装配

　　（1）新建文件。启动 Solidworks2018，单击"新建"按钮，在弹出的对话框中单击"装配体"按钮 装配体 后单击确定，新建一个装配体文件。

　　（2）插入零件。单击"装配体"工具栏中的"插入零部件"按钮 插入零部件，在弹出的文件夹界面中导入"栽苗器.sldasm""偏心轮盘.sldasm"装配体。

　　（3）添加配合关系。该处的配合方式较为简单，在此简介配合思路，不再重复累赘。在总装配图中，需要将栽苗器的两根偏心杆与两侧偏心轮盘分别进行配合，配合时注意轴端键与轮盘键槽的配合即可。由于各个栽苗器在运动仿真过程中，其运动效果近似，为节省电脑资源，本文仅以安装两个栽苗器来进行运动学仿真，读者可根据电脑配置等条件自行选择装配的栽苗器数量。

配合完成后，该部分装配体如图 7-86 所示。

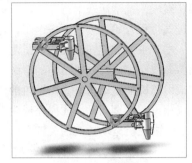

图 7-86　总装配图

7.2.3　运动学仿真

（1）在"装配体"工具栏中，单击"新建运动算例"按钮，在弹出的工具栏中单击"马达"按钮，将旋转马达固定在一侧轮盘上，旋转方向选择顺时针，所添加马达的相关设置如图 7-87 所示，添加位置如图 7-88 所示。

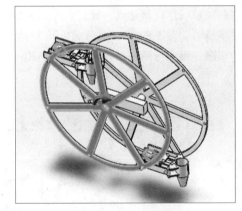

图 7-87　旋转马达设置　　　　　图 7-88　马达安装方位

（2）单机"播放"按钮 ▶，就能完成悬杯式蔬菜移栽机的运动学仿真，在播放时亦可选择播放的速度，单击 即可保存运动仿真的动画。

7.3　内燃机运动仿真方法

内燃机是农林机械主要的动力装置，它是通过燃料在机器内部燃烧，并将其放出的热能直接转换为动力的热力发动机。通常所说的内燃机是指活塞式内燃机。活塞式内燃机以往复活塞式最为普遍。活塞式内燃机将燃料和空气混合，在其气缸内燃烧，释放出的热能使气缸内产生高温高压的燃气。燃气膨胀推动活塞作功，再通过曲柄连杆机构或其他机构将机械功输出，驱动从动机械工作。内燃机的工作循环由进气、压缩、燃烧和膨胀、排气等过程组成。这些过程中只有膨胀过程是对外作功的过程，其他过程都是为更好地实现作功过程而需要的过程。四冲程是指在进气、压缩、膨胀和排气四个行程内完成一个工作循环，此间曲轴旋转两圈。进气行程时，此时进气门开启，排气门关闭；压缩行程时，气缸内气体受到压缩，压力增高，温度上升；膨胀行程是在压缩上止点前喷油或点火，使混合气燃烧，产生高温、高压，推动活塞下行并作功；排气行程时，活塞推挤气缸内废气经排气门排出。此后再由进气行程开始，进行下一个工作循环。

本节主要完成四冲程内燃机配气机构各个零件建模及动画仿真。通过查阅典型内燃机的结构参数，完成内燃机结构的草图绘制，并完成内燃机零件建模及内燃机的装配工作，最后完成内燃机的运动仿真。内燃机的活塞、进气门、排气门、喷油嘴和火花塞必须按照规定的配气相位图协调运动，才能完成内燃机的功能，如何才能使机构按照配气相位图进行运动仿真，是内燃机运动仿真的关键点。

7.3.1 内燃机各个零件的建模

内燃机主要由活塞、活塞销、气缸、曲轴、带轮、凸轮、两个气门组成。

(1)活塞的建模。活塞可以说是内燃机中最主要的一个零件，它主要完成对气体的压缩，吸气、排气也是由活塞的开闭所带动的，做功也是燃气膨胀对活塞做功。活塞组由活塞、活塞环、活塞销等组成。活塞呈圆柱形，上面装有活塞环，借以在活塞往复运动时密闭气缸。上面的几道活塞环称为气环，用来封闭气缸，防止气缸内的气体漏泄，下面的环称为油环，用来将气缸壁上的多余的润滑油刮下，防止润滑油窜入气缸。活塞销呈圆筒形，它穿入活塞上的销孔和连杆小头中，将活塞和连杆联接起来。连杆大头端分成两半，由连杆螺钉联接起来，它与曲轴的曲柄销相连。连杆工作时，连杆小头端随活塞作往复运动，连杆大头端随曲柄销绕曲轴轴线作旋转运动，连杆大小头间的杆身作复杂的摇摆运动。

活塞的建模步骤如图 7-89 所示可分为：绘制活塞草图，旋转草图，形成活塞的基本外形轮廓→拉伸切除，形成与活塞销相配合的孔 $\phi 20$→导相应的圆角 R5，倒角3×45°→完成活塞建模。

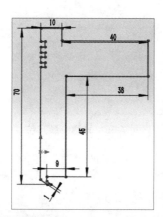
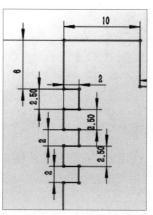

图 7-89 活塞建模过程图

（2）气缸建模。气缸是一个圆筒形金属机件。密封的气缸是实现工作循环、产生动力的保证。各个装有气缸套的气缸安装在机体里，它的顶端用气缸盖封闭着。活塞可在气缸套内往复运动，并从气缸下部封闭气缸，从而形成容积作规律变化的密封空间。燃料在此空间内燃烧，产生的燃气动力推动活塞运动。活塞的往复运动经过连杆推动曲轴作旋转运动，曲轴再从飞轮端将动力输出。由活塞组、连杆组、曲轴和飞轮组成的曲柄连杆机构是内燃机传递动力的主要部分。

气缸的建模步骤如图 7-90 所示主要分为：绘制气缸草图→拉伸草图至 70mm→与气缸底面相距 130mm 绘制草图，拉伸草图至 150mm→拉伸切除孔 φ50，形成与曲轴轴颈相配合的凹槽→完成气缸建模。

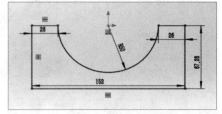

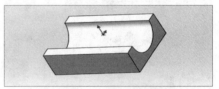

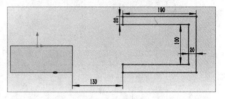

（3）曲轴建模。曲轴作为内燃机的主要旋转零件，可承连杆的上下往复运动转变为循环旋转运动。其有两个重要部位：主轴颈和连杆颈。主轴颈被安装在缸体上，连杆颈与连杆大头孔连接。曲轴的旋转式内燃机的动力源，也是整个机械系统的动力源。

曲轴的建模步骤如图 7-91 所示分为：绘制 φ50×40 的圆柱体→选择圆柱底面为基准面绘制草图，进行草图拉伸→绘制 φ50×20 的圆柱体→镜像实体→绘制 φ50×32 的圆柱体→绘制 φ28×30 的圆柱体→绘制 φ15×30 的圆柱体→依次完成 R10、R5、R3 的圆角→完成曲轴零件建模。

（4）小带轮建模。小带轮与内燃机曲轴相连接。其作用是传递曲轴的扭矩和动力。通过带轮与皮带相连接，可将曲轴输出的动力传递给空调压缩机、动力转向泵、水泵、发电机、凸轮轴、驱动正时系统等机构部件。

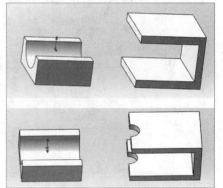

小带轮建模步骤如图 7-92 所示可分为：绘制草图→旋转草图→完成小带轮建模。

（5）大带轮建模。大带轮通过皮带与小带轮相连接。小带轮的转矩通过皮带传递给大带轮。大带轮与凸轮轴相连接，凸轮轴的旋转带动凸轮的旋转，从而完成气门的开启和闭合的功能。

图 7-90 气缸建模过程图

大带轮建模步骤如图 7-93 所示可分为：绘制草图→旋转草图→完成大带轮建模。

（6）凸轮轴建模。凸轮轴两端分别与大带轮和凸轮相连接。通过凸轮轴，可实现将大带轮的转矩传递给凸轮，使凸轮转动，从而使气门开启和关闭。

凸轮轴的建模步骤如图 7-94 所示可分为：绘制 φ20×82 的圆柱体→以圆柱体底面为基准面，绘制 φ16×50 的圆柱体→完成凸轮轴的建模。

（7）凸轮建模。凸轮与导杆的常用接触方式有 3 种：尖底接触，如图 7-95（a）所示；滚子接触，如图 7-95（b）所示；平底接触，如图 7-95（c）所示。

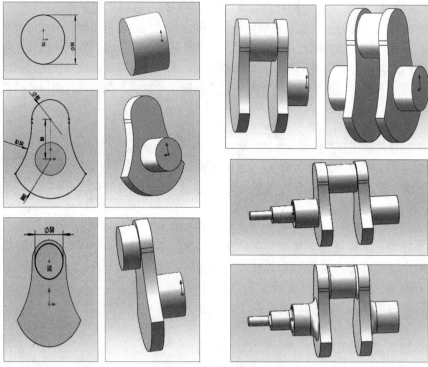

图 7-91　曲轴建模过程图

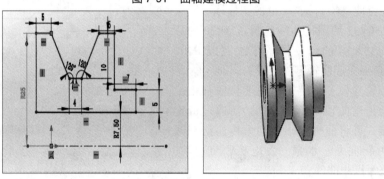

图 7-92　小带轮建模过程图

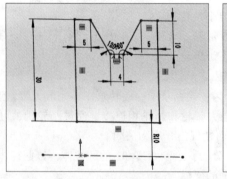

图 7-93　大带轮建模过程图

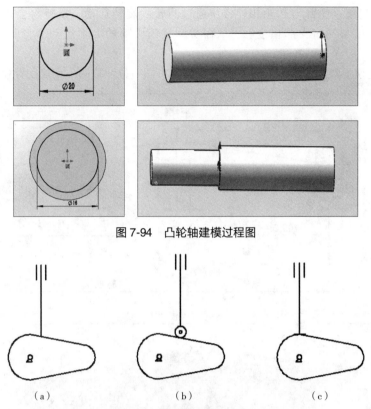

图 7-94　凸轮轴建模过程图

　　　　（a）　　　　　　　　　　　（b）　　　　　　　　　　　（c）

图 7-95　凸轮与导杆的接触方式

　　图 7-95（a）中所示的尖底从动件，在凸轮与导杆的接触过程中，导杆的尖底易磨损，因而运动速度不能过快，而且尖底从动件在运动过程中压力角可能过大而导致卡住。图 7-95（b）中所示的平底从动件凸轮机构，凸轮轮廓曲线与平底接触处的共法线永远垂直于平底，压力角恒等于零，但是，平底从动件只能与外凸的轮廓曲线相作用，在使用时有一定的局限性。图 7-95（c）中所示的滚子从动件的凸轮机构，它结合了尖底接触、平底接触两种凸轮结构的优点，同时还能在高的转速下保证好的耐磨性。

　　凸轮的建模步骤如图 7-96 所示可分为：绘制草图→拉伸草图→拉伸切除与凸轮轴相配合的孔 $\phi16×10$→完成凸轮建模。

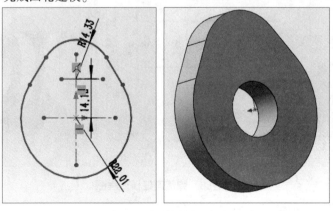

图 7-96　凸轮建模过程图

（8）摆臂建模。摆臂与凸轮相连接，通过凸轮的旋转运动，摆臂将会上下直线运动。而摆臂的另一端与气门头部相接触，从而带动气门头部的上下运动，实现气门的开启与关闭。

摆臂的建模步骤如图 7-97 所示可分为：绘制草图→拉伸草图→完成摆臂建模。

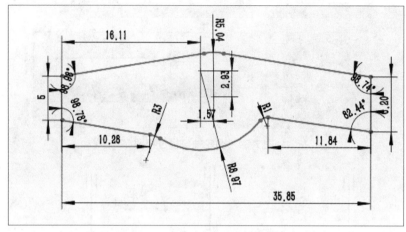

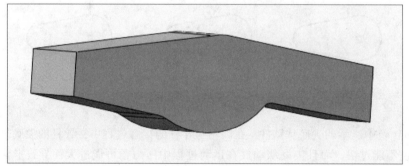

图 7-97　摇臂建模过程图

（9）弹簧座建模。弹簧座与弹簧接触，保证气门头部被压下的时候通过弹簧将其复位，为下次气门的开启做准备。

弹簧座的建模步骤如图 7-98 所示可分为：绘制草图→旋转草图→完成弹簧座。

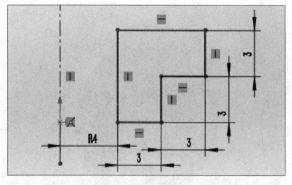

图 7-98　弹簧座建模过程图

（10）进气门、排气门建模。进气门、排气门由气门头部和气门杆组成。气门头部为气门中的主要部件。气门头部的圆盘与气缸盖中的进、排气孔相配合。通过气门头部的上下运动，实现与气缸盖的接触和分离，从而实现进气口、排气口的开启和关闭。气门头部的倒角与气缸盖中进气、排气通道中的倒角应一致，才能保证当气门关闭的时候，内热机燃烧室内的气体不会逸出，导致内燃机的输出功率大大降低。

进气门、排气门的建模步骤如图 7-99 所示可分为：绘制草图→旋转草图→分别倒角 1×60°，2×30°→倒圆角 R2→完成气门头部。

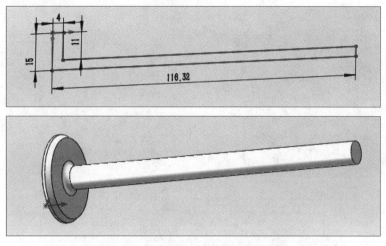

图 7-99　进气门、排气门建模过程图

（11）气缸盖建模。气缸盖用来封闭气缸并构成燃烧室。侧置气门式发动机气缸盖、铸有水套、进水孔、出水孔、火花塞孔、螺栓孔、燃烧室等。顶置气门式发动机气缸盖，除了冷却水套外，还有气门装置、进气和排气通道等。缸盖在内燃机属于配气机构，主要是用来封闭气缸上部，构成燃烧室，并做为凸轮轴和摇臂轴还有进排气管的支撑。主要是把空气吸到气缸内部，火花塞把可燃混合气体点燃，带动活塞做功，废气从排气管排出。

气缸盖用螺栓紧固于机体顶部，成为柴油机的顶端部件，故俗称气缸头。其功用如下：

①封闭气缸套顶部，与活塞、缸套共同组成密闭的气缸工作空间。

②将气缸套压紧于机体正确的位置上，保证活塞运动正常。

③安装内燃机各种附件，如喷油器，进气、排气阀装置，气缸气动阀，示功阀，安全阀以及气阀摆臂装置等。

④布置进气道、排气道，冷却水道等。在小型高速机的气缸盖中还布置涡流室或预燃室等。因此气缸盖中孔腔、通道繁多，使其结构形状较为复杂。

⑤气缸盖的建模步骤如图 7-100 所示可分为：气缸盖草图的绘制→拉伸草图至 90mm→以气缸盖表面为基准面，绘制草图，拉伸切除形成气缸盖的壳体→分别拉伸切除与两侧气门头部的相配合的通孔 $\phi 8$→对气缸盖分别放样，拉伸切除，形成吸气、排气通道→绘制草图，利用旋转切除，形成气缸盖的燃烧室→绘制草图，对其拉伸切除，形成 $\phi 20 \times 32$mm 的盲孔→绘制草图，对其拉伸切除，形成 $\phi 20$ 的通孔→分别进行 1×60° 的倒角，R1 的圆角→完成气缸盖的建模。

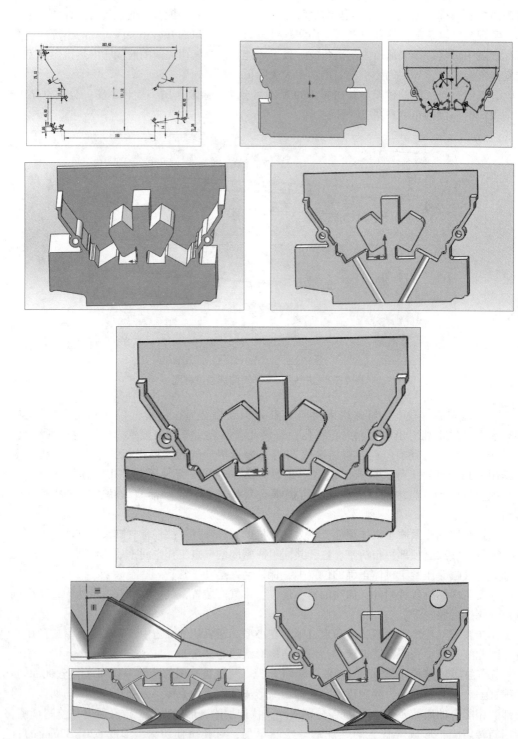

图 7-100　气缸建模过程图

（12）活塞销建模。活塞销是装在活塞裙部的圆柱形销子，它的中部穿过连杆小头孔，用来连接活塞和连杆，把活塞承受的气体作用力传给连杆。为了减轻重量，活塞销一般用优质合金钢制造，并作成空心。

活塞销的建模步骤如图 7-101 所示可分为：绘制 $\phi20\times82$mm 的圆柱体→倒角 $1\times45°$→完成活塞销的建模。

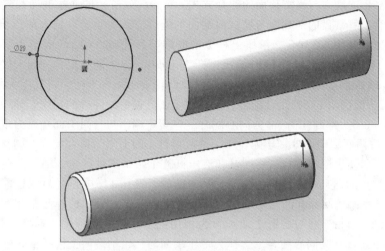

图 7-101 活塞销建模过程图

（13）连杆建模。连杆共用时将活塞承受的力传给曲轴，推动曲轴转动，使活塞的往复运动转变为曲轴的旋转运动。连杆在工作中要承受活塞销传来的气体作用力、活塞连杆组往复运动的惯性力和连杆大头绕曲轴旋转产生的旋转惯性力的作用。上述这些作用力都是交变载荷，而连杆本身又是一个较长的杆件，因此要求连杆要有足够的强度和刚度，质量要尽量小。

连杆的建模步骤如图 7-102 所示可分为：绘制草图→拉伸草图至 18mm→完成连杆的建模。

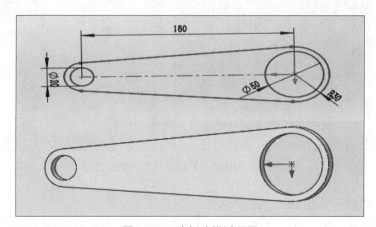

图 7-102 连杆建模过程图

7.3.2 内燃机各机构系统的装配

内燃机各机构系统的装配过程如图 7-103 所示。首先插入气缸，使其作为装配机架使用。然后插入活塞。选择与气缸的配合方式为同心。插入活塞销，选择与活塞孔 R50 的配合方式为同心，与活塞圆柱平面的配合方式为重合。插入连杆。其中小孔与活塞销为同心配合，外表面与气缸的表面为距离配合，其距离大小为9mm。插入曲轴。曲轴的轴颈$\phi50\times40$的外圆与气缸中的凹槽为同心配合，轴颈端面与气缸表面为重合配合。曲轴中间$\phi50\times40$的外圆柱表面与连杆较大孔为同心配合。插入小带轮。小带轮孔$\phi15$与曲轴轴颈$\phi15\times40$的配合方式为同心。同时小带轮的端面与曲轴轴颈$\phi15\times40$的端面为重合。插入气缸盖。选择气缸盖的底面与气缸顶面的配合方式为重合。气缸盖的底端侧面与气缸侧面的配合方式为重合。气缸盖的前端面与气缸前端面的配合方式为重合。插入液压挺杆2。与气缸盖盲孔$\phi20\times32$为同心配合。液压挺杆2的底端与盲孔$\phi20\times32$的底端为重合配合。插入液压挺杆1。其圆柱面$\phi14\times15$与液压挺杆2孔$\phi14\times25$为同心配合。插入气门头部。与气缸盖通孔$\phi8$为同心配合。同时为了凸轮以及凸轮轴的配合方便，将气门头部的倒角$1\times60°$与气缸盖中的倒角$1\times60°$重合配合，使其固定，方便后续零件的装配。插入弹簧座。弹簧座孔$\phi8$与气门头部圆柱面$\phi8$为同心配合，弹簧座端面与气门头部端面为重合配合。插入摆臂。摆臂两底端平面分别于弹簧座，液压挺杆1的上端为重合配合。调整与气缸盖表面适当的距离，使用锁定配合，将摆臂和液压挺杆1两个零件固定。插入凸轮轴。其圆柱面$\phi20$与气缸盖的通孔$\phi20$为同心配合。插入凸轮。气孔$\phi16$与凸轮轴圆柱面$\phi16$为同心配合。分别选择凸轮端面和凸轮轴端面，使其为重合配合。分别选择凸轮和摆臂端面，使其为重合配合。凸轮外圆与摆臂上端圆弧为相切配合。插入大带轮。选择大带轮孔$\phi20$，与凸轮轴圆柱面$\phi20$为同心配合。选择大带轮端面与凸轮轴端面，选择重合配合。将气门头部的倒角$1\times60°$与气缸盖中的倒角$1\times60°$重合配合删除，使气门头部和气缸盖能自由的做相对运动。删除凸轮外圆与摆臂上端圆弧为相切配合，使其摆臂能沿凸轮的外轮廓上下运动。至此，内燃机的所有零件都已安装完成。

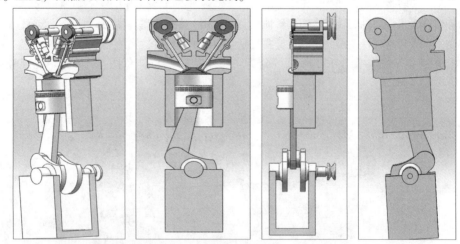

图7-103　内燃机各机构系统的装配过程图

7.3.3　内燃机的运动仿真

　　点击Solidworks2018的运动算例，进入仿真界面。如图7-104所示选择皮带链命令，添加带轮皮带。皮带接触面为大、小带轮的凹槽面。选择实体接触命令，零部件为凸轮和摆臂。选择弹簧命令，添加线性弹簧。弹簧的端点选择弹簧座孔$\phi8$与气缸盖通孔$\phi8$的表面。添加旋转马达，选择曲轴轴颈$\phi50\times40$为马达位置，完成马达安装。至此，仿真的所有准备工作都已完成。点击计算命令，进行仿真计算，仿真结果如图7-105、图7-106所示。

图 7-104　仿真参数设置

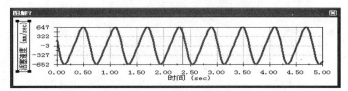

图 7-105　活塞运动速度图

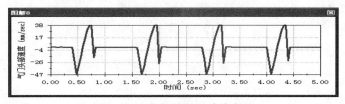

图 7-106　气门头部运动速度图

对活塞运动图和气门头部速度图联合分析，可以得出：当活塞往复运动 2 个周期时，气门头部运动一次。因此，可以满足四冲程内燃机的基本要求：活塞在吸气、压缩、做功、排气 4 个过程，曲轴旋转 2 次，进/排气门的开启或关闭一次。

7.3.4　内燃机的有限元分析

在内燃机中，由于连杆和气门头部都受循环应力作用，但气门头部的应力大小比连杆所受的应力小很多，因此对连杆进行有限元分析，而气门头部可忽略分析。

连杆的应力图解如图 7-107、图 7-108 所示。

图 7-107　连杆的应力分布图　　图 7-108　连杆的安全系数图

　　对上述两图分析可知：连杆孔 ϕ50 的孔周边所受的应力较大，可将连杆孔 ϕ50 处的壁厚增大，以减少此处的应力。通过对安全系数图的分析可得连杆的安全系数在 728.71 ~ 16711.13 之间，属于安全范围内。

〔**上机练习题**〕

1. 查阅典型稻麦收获机拨禾轮结构参数，完成其三维建模和运动仿真。

2. 查阅典型单缸柴油机结构参数，参照 7.3 节所示方法完成其三维建模和运动仿真。

项目 8　工程图的生成方法

通常在运用 Solidworks 时系统在工程图和零件或装配体三维模型之间提供全相关的功能，全相关意味着无论什么时候修改零件或装配体的三维模型，所有相关的工程视图将自动更新，以反映零件或装配体的形状和尺寸变化，反之，当在一个工程图中修改一个零件或装配体的尺寸时，系统也将自动将相关的其他工程视图及三维零件或装配体中的相应尺寸加以更新。Solidworks 系统也可以提供多种类型的图形文件输出格式。在二维图纸中包括最常用的 DWG 和 DXF 格式以及其他几种常用的标准格式。

工程图包含一个或多个由零件或装配体生成的视图。在生成工程图之前，必须先保存与它有关的零件或装配体的三维模型。要生成新的工程图，可以进行如下操作。

（1）启动 Solidworks2018，点击"标准"工具栏中的"新建"按钮。

（2）在"新建 Solidworks2018 文件"对话框中单击"工程图"，如图 8-1 所示。根据需要可以选择不同尺寸的图纸 A0 至 A4。

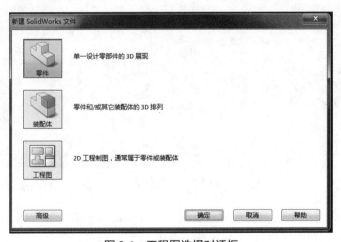

图 8-1　工程图选择对话框

（3）单击"确定"按钮，关闭对话框。

（4）右击左下角的"添加图纸"按钮，弹出"图纸格式/大小"对话框（图 8-2），在该对话框中选择图纸格式。

"标准图纸大小"：在列表框中选择一个标准大小的图纸格式。

"只显示标准格式"：选中该复选框，在列表框中只显示标准格式的图纸。

"自定义图纸大小"：在"宽度"和"高度"文本框中设置图纸的大小。

如果要选择已有的图纸格式，则单击"浏览"按钮找到所需的图纸格式文件。

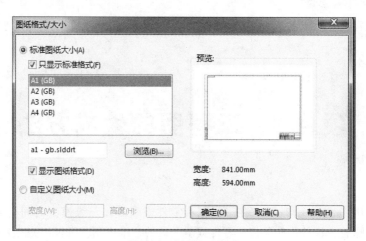

图 8-2　选择图纸格式

（5）单击"确定"按钮进入工程图编辑状态。工程图窗口（图 8-3）中也包括特征管理器设计树，它与零件和装配体窗口中的特征管理器设计树相似，包括项目层次关系的清单。每张图纸有一个图标，每张图纸下有图纸格式和每个视图的图标。项目图标旁边的符号⊞表示它包含相关的项目，单击它将展开所有的项目并显示其内容。

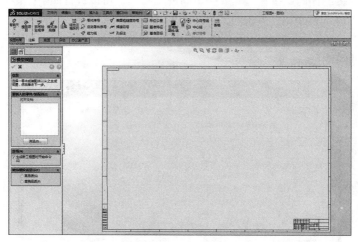

图 8-3　工程图窗口

标准视图包含视图中显示的零件和装配体的特征清单。派生的视图（如局部或剖面视图）包含不同的特定视图的项目（如局部视图图标、剖切线等）。

工程图窗口的顶部和左侧有标尺，标尺会报告图纸中鼠标指针的位置。单击"视图"→"标尺"命令，可以打开或关闭标尺。

如果要放大到视图，则可以右击特征管理器设计树中的视图名称，在弹出的快捷菜单中单击"放大所选范围"命令。

用户可以在特征管理器设计树中重新排列工程图文件的顺序，在图形区域中拖动工程图到指定的位置。

工程图文件的扩展名为".slddrw"，新工程图使用所插入的第一个模型的名称。保存工程图时，模型名称作为默认文件名出现在"另存为"对话框中，并带有扩展名".sldddrw"。

8.1　创建三视图

　　三视图在工程图中常用作表达零件的尺寸和形状，根据零件需要有时候还需要对图纸进行全剖和局部剖。标准的三视图是指从三维模型的前视、右视、上视 3 个正交角度投影生成 3 个正交视图。图 8-4 所示的是旋耕机弯刀刀座工程图的各个方向视图。

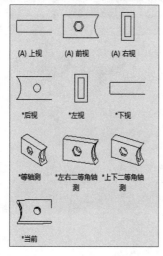
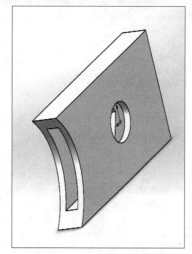

图 8-4　刀座各个方向视图

　　用标准方法生成标准三视图的操作如下：

　　(1)打开零件或装备体文件，或打开包含所需模型视图的工程图文件。

　　(2)新建一张工程图。

　　(3)单击"视图布局"工具栏中的"标准三视图"按钮。

　　(4)"标准视图"属性管理器的"信息"栏中提供了以下 4 种选择模型的方法：

　　①选择一个包含模型的视图。

　　②从另一窗口的特征管理器设计树种选择模型。

　　③从另一个串口的图形区域中选择模型。

　　④在工程图窗口右击，在快捷菜单中单击"从文件中插入"命令。

　　(5)单击"窗口"→"文件"命令，进入到零件或装配体文件中。

　　(6)利用步骤(4)中的一种方法选择模型，系统会自动回到工程图文件中，并将三视图放置在工程图中。

　　如果打不开零件或装配体模型文件，则用标准方法生成标准三视图的方法如下：

　　①新建一张工程图。

　　②单击"视图布局"工具栏中的"标准三视图 按钮 ┇。

　　③右击图形区域，在弹出的快捷菜单中单击"从文件插入"命令。

　　④在弹出的"插入零部件"中浏览到所需的模型文件，单击"打开"按钮，标准三视图便会放置在图形区域中。

　　要保存图纸格式，可以进行以下操作：

　　①单击"文件"→"保存图纸格式"命令，弹出"保存图纸格式"对话框，如图 8-5 所示。

　　②如果要替换 Solidworks 提供的标准图纸格式，则选中"标准图纸格式"单选按钮，然后在下

拉列表框中选择一种图纸格式，单击"确定"按钮，图纸格式将被保存在<安装目录>\ data 下。

　③如果要使用新的名称保存图纸格式，则单击"浏览"按钮，选择图纸格式保存的目录，然后输入图纸格式名称。

　④单击"保存按钮"，关闭对话框。

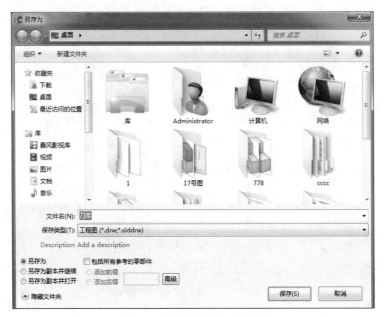

图 8-5　"保存图纸"对话框

8.2　派生视图创建方法

　　三视图在工程图中常用作表达零件的尺寸和形状，根据零件需要有时候还需要利用派生视图如投影视图、局部视图、全剖和局部剖视图等。下面以联合收获机割台螺旋输送搅龙上球座为例(图 8-6)来说明派生视图的创建方法。

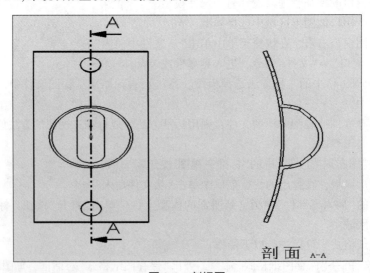

图 8-6　剖视图

要生成一个剖视图，可以进行以下操作：

(1)打开要生成剖面视图的工程图。

(2)单击"视图布局"工具栏中的"剖面视图"按钮 。

(3)弹出"剖面视图辅助"属性管理器，如图 8-7 所示。鼠标显示为指针样式，同时激活快捷菜单，如图 8-8 所示。

图 8-7 属性管理器

图 8-8 快捷菜单

(4)在工程图绘制剖切线，单击 (竖直)按钮，在视图中出现竖直剖切线，在适当的位置放置竖直剖切线后向外拖动，系统会在垂直于剖切线的方向出现一个方框，表示剖切线视图的大小。拖动这个方框到适当的位置，在快捷菜单中单击 按钮，释放鼠标，则剖切视图被放置在工程图中，如图 8-9 所示的剖面视图 A-A。

单击 (水平)按钮，在视图中出现水平剖切线，在适当的位置放置水平剖切线后向外拖动，系统会在平行于剖切线的方向出现一个方框，表示剖切视图的大小。拖动这个方框到适当的位置，在快捷菜单中单击 按钮，释放鼠标，则剖切视图被放置在工程图中，如图 8-10 所示的剖面视图 B-B。

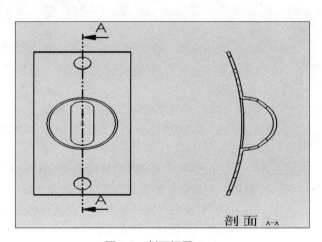

图 8-9 剖面视图 A-A

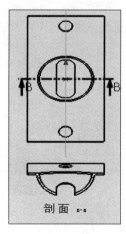

图 8-10 剖面视图 B-B

用同样的方法，单击"辅助视图"或"对齐"按钮，生成不同剖切位置的剖面视图：

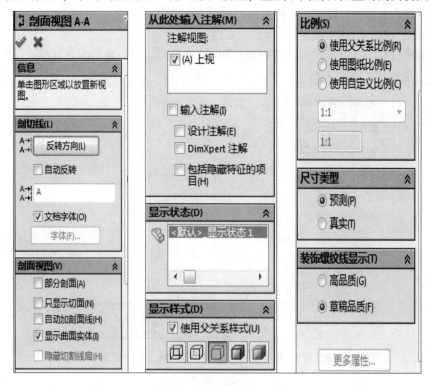

图 8-11 属性管理器

（1）完成视图放置后，在"剖面视图"属性管理器中（图 8-11）设置选项。

如果单击"反转方向"按钮，则会反转切除的方向。

在文本框中指定的与剖面线或剖面视图相关的字母。

如果剖面线没有完全穿过视图，则选中"部分剖面"复选框将会生成局部剖面视图。

如果选"显示曲面实体"复选框，则只有被剖面线切除的曲面才会出现在剖面视图上。

"使用自定义比例"按钮用来定义剖面视图在工程图纸中的显示比例。

（2）单击"确定"按钮 ✔，完成剖面视图的插入。新剖面是由原实体模型计算得来的，如果模型更改，则此视图将随之更新。

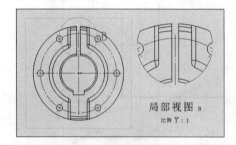

图 8-12 局部视图

局部视图一般用来放大显示视图中的某个部分，要生成一个局部视图（图 8-12），可以进行以下操作：

（1）打开要生成局部视图的工程图。

（2）单击"视图布局"工具栏中的"局部视图"按钮 。

（3）此时，"草图"工具栏中的"圈"按钮 被激活，利用它在要放大的区域绘制一个圈。

（4）系统会出现一个方框，表示局部视图的大小，拖动这个方框到适当的位置，释放鼠标，则局部视图被放置在工程图中。

（5）在"局部视图"属性管理器中（图 8-13）设置选项。

①样式 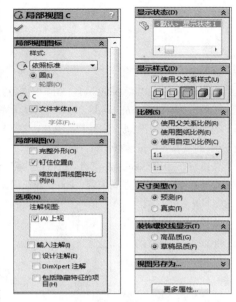：在该下拉列表框中选择局部视图图标的样式，有"依照标准""中断圆形""带引线"和"相连"5种样式。

②名称 ：在此文本框中输入与局部视图相关的字母。

③完整外形：选中该复选框，系统会显示局部视图中的轮廓外形。

④钉住位置：选中该复选框，在改变派生局部视图的视图大小时，局部视图将不会改变大小。

⑤缩放剖面线图样比例：选中该复选框，将根据局部视图的比例来缩放剖面线图样的比例。

(6)单击"确定" 按钮，生成局部视图。

此外，局部视图中的放大区域还可以是其他任何的闭合图形。方法是：首先绘制用来做作放大区域的闭合图形，然后单击"视图布局"工具栏中的"局部视图"按钮，其余的步骤与上相同。

图 8-13　属性管理器

8.3　二维工程图在绘制三维图中的运用

本节主要介绍二维的图纸输入到 Solidworks 中实现 2D—3D 转换的转换方法。

很多三维软件立体模型的建立，是直接或间接的以草绘(或者称草图)为基础的，这点尤以 PRO/E 为甚。而三维软件的草绘(草图)，与 AutoCAD、CAXA 等的二维绘图大同小异(不同的就是前者有了参数化的技术)。在 Solidworks 中，可将 AutoCAD 或 CAXA 的图纸输入，转化为 Solidworks 的草图，从而建立三维数模。其基本转换流程为：

(1)在 Solidworks 中，打开 AutoCAD 或 CAXA 格式的文件准备输入。

(2)将 ∗DWG，DXF 文件输入成 Solidworks 的草图。

(3)将草图中的各个视图转为前视、上视等。草图会折叠到合适的视角。

(4)对齐草图。

(5)拉伸基体特征。

(6)切除或拉伸其他特征。

在这个转换过程中，主要用 2D 到 3D 工具栏，便于将 2D 图转换到 3D 数模，其具体操作过程可参考 Solidworks 2014 使用手册，本书由于篇幅所限在此从略。

参 考 文 献

耿端阳，张道林，王相友，等，2011. 新编农业机械学[M]. 北京：国防工业出版社.

槐创锋，等，2014. Solidworks 2014 中文版完全自学手册[M]. 北京：人民邮电出版社.

王敏，等，2014. Solidworks 2014 机械设计完全自学手册[M]. 北京：机械工业出版社.

杨自栋，刘宁宁，耿端阳，等，2013. 2BYM-12 型折叠式动力防堵免耕播种机设计与试验农业机械学报[J]. 农业机械学报，44：46-50.

张忠将，2015. Solidworks 2014 机械设计完全实例教程[M]. 北京：机械工业出版社.

中国农业机械化科学研究院，2007. 农业机械设计手册[M]. 北京：中国农业科学技术出版社.

附

本课程教学法建议

一、本课程专业教学法分析

"农业机械三维设计技术"课程以培养学生的农机产品快速研发能力和设计能力为重点，强化农业机械三维建模基本操作的训练，使学生奠定坚实的三维设计软件使用基础。基于中等职业学校对本科职教师资"专业性、师范性、职业性"能力的要求和本课程的教学内容特点，以及机械类设计人员和职教师资的培养规律，建议将教学过程分解为三个互相联系的模块，整个过程将理论教学、实践、农业机械产品创新三大部分进行一体化的组织设计，建议采用"理论-实践-创新"一体化的教学模式，主要采用应用基于任务驱动的项目教学法实施每个项目的教学。各个模块有机衔接，教学组织过程依次展开。课堂理论教学、上机实际操作、方案设计讨论、农机典型零部件三维设计、作业展览与评价应贯穿于整个教学活动之中。同时，根据整个课程的教学设计，以实施以项目教学法为主的专业教学方法时，可以灵活选择实验教学法、模拟教学法、案例分析教学法、头脑风暴教学法等方法，以提高课堂教学效果和学生实际动手能力和创新能力的培养，从真正意义上实现理论与实践互交互融和开放性教学，体现专业教学中职业教育的特色。

本课程的先修课程是计算机应用基础、机械制图、机械设计基础，机械制造基础、农业机械学等，是为培养学生进行计算机辅助设计、制造及工艺分析等能力而开设的。本课程的学习，使学生掌握三维设计软件的使用方法，能够利用三维设计软件建立农业机械产品零件部件的三维模型，建立该产品装配模型，生成该产品的工程图，并能利用三维 CAD 软件进行运动和动力学仿真分析。通过本课程的上机实训，培养学生掌握农业机械典型零件的设计与加工的技巧和方法，以及学生的实践能力、工程应用能力和专业教学能力，为毕业后从事中职教育及产品研发打下良好的基础。概括起来讲，本课程有以下三大特点：

1. 农业机械三维设计技术课程易于采用多媒体教学，应用各类素材和媒体(如实物、图片、动画、录像等)进行形象化教学，能突破视觉的限制，多角度地观察对象，有助于提高学生的空间想象能力。

2. 教学活动全程在 CAD/CAM 机房和实训中心，实践教学与理论教学融为一体易于实施"理论-实践-创新"一体化教学，演示教学与操作训练并重，交互性强，学生积极参与，学习更为主动，有助于操作方法的掌握。

3. 通过加强典型农业机械三维样机设计实践操作训练，有利于培养学生的职业素质和提高专业技术应用能力。

二、项目教学法设计

1. 项目教学法简介

项目教学法采取将理论知识、操作技能融合到每一个项目实施中开展教学。它将复杂丰富的知识点、操作技能有序地融入到教学内容，需要设计若干包含不同操作技能的教学项目，形成基本知识、专项技术应用技能与综合实践能力有机结合的三维设计技术的项目教学法教学体系，其结构如图 1 所示：

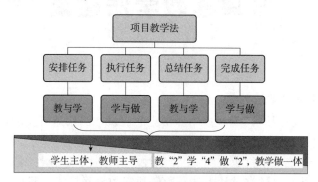

图 1　项目教学法设计示意图

运用项目任务教学法，不仅能很好地调动学生学习的积极性和自主性，而且非常有利于教学效果和教学质量的提高，其实施流程如图 2 所示：

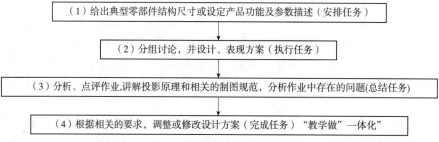

图 2　项目教学法实施流程图

市场需求是农机产品设计的源泉，项目载体的选择必须充分体现市场发展变化，切实反映农业装备企业生产制造的实际状况。为此本课程教师在教学前应进行大量的企业调研活动，积极参加农业机械展示会、工业设计研讨会和数字化产品展览会，为农业机械三维设计教学项目载体的选择提供必要的参考资源。同时教学过程必须符合人类认知的基本规律，按照由简单到复杂的顺序逐层次推进。在本课程的项目教学中，产品 3D 模型基础设计的项目载体皆选自农业机械设计中的典型零部件，如法兰盘、弹簧、纹杆和缺口圆盘耙片等；高级造型设计的项目载体则来源于典型的农业机械零部件，如螺旋输送搅龙、玉米收获机摘穗辊、勺轮式排种器壳体等。项目实施过程中，农机产品的造型设计不仅要考虑结构、加工工艺的合理可行性，也要满足审美、心理等文化需求，这些综合素质的锻炼对提高学生的职业技能和创新能力能起到重要作用。

2. 项目教学法教学的实施

在项目教学法实施过程中，依照"讲练训一体化"的教学思路，根据学生特点，打破传统的学科知识体系，不再围绕菜单讲解，而是以职业活动为导向组织教学，将技能项目训练贯穿始终，项目任务驱动，穿插讲解涉及到的相关命令和技能，边讲边练，以练为主，突出能力目标。"讲练训一体化"的教学分技能项目训练和技能强化训练两部分。

技能项目训练建议在 CAD/CAM 机房，每人一台电脑。四节课连堂以保证学生有充分且连贯的练习和接受辅导的时间，应充分让学生动手、动口、动脑。整个教学过程可分为六步："知识讲解→示范操作→模仿操作→变通运用→复述总结→任务考评"。第 1 节 45分钟的课程中，建议教师讲解理论 10 分钟，实践演示 20 分钟，学生上机实践模仿操作 15分钟；第 2 节 45 分钟，建议教师就学生在模仿操作中出现的问题做相应的指导，典型问题集中再讲解示范；个别问题单独辅导，保证每位学生能完成教材上的例题。当有学生完成例题时要求其保存，教师布置课后题库中与本次课相关的练习。第 3 节 45 分钟，学生独立思考，变通运用完成练习，教师可给予适当的启发式引导。第 4 节 45 分钟，教师可根据学生完成任务的情况进行相关知识及操作要点的复述总结，有必要的做相应的示范。最后 20 分钟的时间进行任务考评，逐一检查每位学生的三维设计模型，详细登记成绩，并给予恰当的评价。设计中出现新的思路，教师可在班上大力提倡并给予该生加分鼓励；设计模型完成质量好的，给予积极而有效的评价；遇到完成不理想的学生，以鼓励为主，要激励他们战胜困难，少批评和挖苦。通过这种交流，让学生体验成功的喜悦，树立学习的信心。

整个课程技能项目模块训练结束后应安排 1 周技能强化训练，避免学生只"会"而不"熟"的现象。建议教师可以将承接的农机产品设计任务用于学生的生产实训，从而实现讲、练、训的一体化。

3. 课堂教学效果调控

(1)利用学生的好奇心激发求知欲望。建议在讲授"农业机械三维设计技术"第一节课时，可事先准备十几个使用 Solidworks 开发典型农业机械三维造型的现实作品展示给学生欣赏，然后总结本课程的学习方法，从而激发学生的学习兴趣和跃跃欲试的求知心理。

(2)创造生动活泼的课堂气氛调动学生兴趣。可以采用启发式、讨论式教学方法，在课堂上充分发挥学生的群体活动能力。先导学演示，指导要点，然后把学生分成几个项目小组，围绕实践任务进行实际操作，放手让学生探究讨论知识，给学生提供尽可能多的讨论分析、创造反思的机会，使学生在知识方面相互补充，在学习方法上互相借鉴，善于合作，取长补短，共同进步。例如在项目五典型农业机械装配体三维设计教学中，可将学生分组，每个小组成员完成不同的零件图，最后共同完成装配体。这种教学法不仅让学生体会到团队配合协同工作的重要性，还有利于学生形成新的认知结构和培养自我学习能力。

(3)学生层次差异问题的分析及对策。在实施项目教学法的教学中，学生的学习态度、思维能力和对新事物的接受能力不一样，掌握程度也会出现层次差异，学习三维设计课程差异性尤为明显。如何有效地在教学中缩小差异，是提高教学质量中非常重要的问题。

人人皆可成才是职业教育首要的理念，因材施教则是实现该理念永恒的教育原则。实施分层教学、分层训练、先进带动后进的团队学习法等因材施教的教学方法，通过对学生的分层教学、分层练习、分层辅导、分层评价、分层矫正，调动学生学习积极性，使教学要求与学生学习可能性相互适应。以达到各类学生产生接受效应，共振效应，使每一个学生都能在原有基础上获得充分的发展。建议教师须准备具有层次性的教学内容、方法步骤。在教学内容的安排上，以中等生为基准，兼顾"两头"，问题的设计考虑不同层次学生的需求，难易适中，具有梯度，既安排统一授课的内容，又安排不同层次的作业训练，学生共同练习，教师个别辅导，从而在多样化的、开放性的作业训练中培养学生的创造性思维。开放性的作业设计是分层教学的关键。对学习较困难的学生只要求做基础的，带有模仿性的练习；中上水平学生则要求做变式的、综合的练习；基础扎实、认知水平较高的学生则设计一些有利于发展思维，拓展能力的题目。对于同一题目，也可以有弹性的要求。这样可使每个学生在自己原有的基础上有所发展，使不同水平的学生都有题可做，有新知识可学。这样，给全班学生都受到必要的能力训练，达以分层教学的目的。

三、信息技术应用

建议利用国家精品课程网络或学校的网络资源，建立"农业机械三维设计技术"课程的教学网站，实现教与学的互动、作为学生学习本课程的第二课堂。教学网站的功能主要体现在以下几方面：

(1)将"农业机械三维设计技术"课程的教学大纲、教学进度表、教案、多媒体课件等教学文件放置在课程教学网站上，供学生随时学习和查阅之用。

(2)在每章中布置与教学内容的相应练习习题，供学生课外练习，获得进一步的训练。

(3)设置与教学内容相对应的工程项目案例，启发学生的思维。

(4)提供学生进行交流、展示、答疑辅导的平台。

四、课程考评方法

建议采用理论考核、课内实训考核以及课程综合设计实训考核相结合的方式进行。具体的考评方法是：首先，在教学初期，通过抽签形式将学生分为若干组，目的是让学生都站在同一起点，通过抽签的形式将所谓的好学生和差学生无区别对待，从而使学生学习积极性有所提高，对课程充满兴趣；其次，让学生按组来安排座位，方便讨论和研究，同时建立起相互信任的合作关系，并加深彼此的了解，有助于最后在竞赛测评中合理分工协作；再次，在平时的上机随堂测评中，就以小题目和指定时间完成等方法，提高学习主动性；最后，在课程一学期48学时的教学任务全部完整之后，用一周的时间每个小组完成一个综合设计题目来评定学生的成绩(可占40%以上的权重)。具体考评要求和项目实施评价方法见表1所列：

每个学习项目的过程考核都应有详细标准，表2是一个学习项目的考核标准。

表1　考核评价要求

考评方式	过程考评(项目考评)60%			课程综合设计实训(实训考评)40%
	素质考评	工单考评	实操考评	
考评实施	由指导教师根据学生表现集中考评	由主讲教师根据学生完成的工单情况考评	由实训指导教师对学生进行项目操作考评	按照教考分离原则，由学校教务处组织考评
考评要求	严格遵循生产纪律和5S操作规范，主动协助小组其他成员共同完成工作任务，任务完成后清理场地等	认真撰写和完成任务工单，准确完整、字迹工整	积极回答问题、掌握工作规范和技巧，任务方案正确、工具使用正确、操作过程正确、任务完成良好	建议题目：每组一题，学生可以自选，也可教师设定
注	造成设备损坏或人身伤害的本项目计0分			

表 2　考核方式与标准

实训任务	考核点及占项目分值比	建议考核方式	评价标准			成绩比例（％）
			优	良	及格	
项目实训实训任务二	1. 查找相关资料、熟悉软件操作方法（10%）	教师评价+互评	能快速准确地查找脱粒滚筒装配的相关资料、掌握三维设计软件	能准确地查找脱粒滚筒装配的相关资料、掌握三维设计软件	能查找脱粒滚筒装配的相关资料、掌握三维设计软件	10
	2. 详细仿真方案（20%）	教师评价+互评	能快速正确制定仿真流程安排仿真时间，准备多媒体机房，工作计划周密、合理	能正确制订仿真流程安排仿真时间，准备多媒体机房，工作计划合理	能制订仿真流程安排仿真时间，准备多媒体机房，工作计划基本合理	
	3. 操作实施（30%）	教师评价+自评	应用三维设计软件，按装配顺序迅速准确地完成脱粒滚筒的装配	应用三维设计软件，按装配顺序准确地完成脱粒滚筒的装配	应用三维设计软件，按装配顺序完成脱粒滚筒的装配	
	4. 工作单（15%）	教师评价	填写规范、内容完整，有详细过程记录和分析，并能提出一些新的建议	填写规范、内容完整，有详细过程记录和分析	填写规范、内容完整，有较详细过程记录	